人工智能核心技术及应用研究

陈向东 著

中国水利水电出版社
www.waterpub.com.cn
·北京·

内 容 提 要

人工智能作为新一代信息技术的标志,是信息技术发展和信息社会需求到达一定阶段的产物。本书紧扣当代人工智能核心技术,并对其应用进行了分析研究。

本书内容涵盖了人工智能的起源、机器学习、神经网络、深度学习、专家系统、推荐系统、自然语言处理、智能图像处理、智能机器人。

本书可供从事人工智能研究领域的工程技术人员和科研人员阅读。

图书在版编目(CIP)数据

人工智能核心技术及应用研究/陈向东著. —北京:中国水利水电出版社,2019.8 (2024.10重印)
ISBN 978-7-5170-7921-7

Ⅰ. 人… Ⅱ. ①陈… Ⅲ. ①人工智能-研究 Ⅳ. ①TP18

中国版本图书馆 CIP 数据核字(2019)第 180664 号

书　　名	人工智能核心技术及应用研究 RENGONG ZHINENG HEXIN JISHU JI YINGYONG YANJIU
作　　者	陈向东　著
出版发行	中国水利水电出版社 (北京市海淀区玉渊潭南路1号D座 100038) 网址:www.waterpub.com.cn E-mail:sales@waterpub.com.cn 电话:(010)68367658(营销中心)
经　　售	北京科水图书销售中心(零售) 电话:(010)88383994、63202643、68545874 全国各地新华书店和相关出版物销售网点
排　　版	北京亚吉飞数码科技有限公司
印　　刷	三河市华晨印务有限公司
规　　格	170mm×240mm　16 开本　12.25 印张　220 千字
版　　次	2019 年 10 月第 1 版　2024 年 10 月第 4 次印刷
印　　数	0001—2000 册
定　　价	78.00 元

凡购买我社图书,如有缺页、倒页、脱页的,本社营销中心负责调换

版权所有·侵权必究

前　言

自人类文明进入信息时代以来,世界走向以信息产业为主导的新经济发展时期,越来越多地依靠信息资源的开发来精确调控物质资源和能量资源的使用。人工智能作为新一代信息技术的标志,是信息技术发展和信息社会需求到达一定阶段的产物。人工智能是用人工的方法和技术,研制智能机器或智能系统,来模仿、延伸和扩展人的智能。在政府积极引导和企业战略布局等推动下,人工智能产业从无到有,规模快速壮大,创新能力显著增强,服务能力大幅提升,应用范畴不断拓展,并为各种新兴领域的发展提供了基础支撑。今天的人工智能技术正在彻底改变人类对机器行为的认知,重建人类与机器之间的相互协作关系;正在用史无前例的自动驾驶重构我们头脑中的出行地图和人类生活图景;也正在机器翻译、机器写作、机器绘画等人文和艺术领域进行大胆的尝试……

人工智能这一领域天然游走于科技与人文之间,既需要数学、统计学、数理逻辑、计算机科学、神经科学等的贡献,也需要哲学、心理学、认知科学、法学、社会学等的参与。可见,它是一门新思想、新理论、新技术、新成就不断涌现的新兴领域。中国、美国、欧盟、联合国等国家或国际组织的人工智能战略或政策文件都特别强调人工智能领域的跨学科研究和人文视角。

随着信息技术的发展和社会对智能的巨大需求,人工智能受到越来越多人的重视。在此形势下,对人工智能人才的需求也极为迫切。据国家工信部统计预测,未来几年将是我国人工智能产业人才需求相对集中的阶段,尤其是能将人工智能与应用领域高效融合的跨界型人才极为紧缺。为加速新一代信息技术人才培养,满足人工智能方面的人才需求,提供经济高质量发展人才支撑,作者写作了本书。

全书共9章。第1章为人工智能概论,介绍了人工智能的产生与发展、研究与应用领域、发展展望;第2章讨论了机器学习,说明了几种机器学习的方法;第3章阐述神经网络的基本原理并介绍了几种典型方法;第4章分析了深度学习的过程、主流模型及其在图像中的应用,并对深度学习的前沿——增强学习与迁移学习加以介绍;第5章着重介绍了专家系统的结构与工作原理、设计与开发、评价,并探讨了几种新型专家系统;第6章讨论了有关推荐系统的内容,包括推荐系统的算法、混合推荐系统、基于深度学习的推荐模型等;第7章为自然语言处理,介绍了语法分析、句法分析、语义分析、语料库、机器翻译、语音识别、问答系统等;第8章为智能图像处理,对生物特征识别、生物特征识别中的图像处理、多模态生物特征识别中的信息融合进行研究;第9章探究了智能机器人中的机器人视觉、感知、规划、控制,并预测了智能机器人未来的发展趋势。

  本书结构安排合理,内容深入浅出,在紧扣当代人工智能核心技术的同时,对其应用也进行了分析研究。本书有利于快速掌握人工智能的基本知识、建立系统认识、树立整体和全局观念,并且熟悉和了解核心技术原理,为进一步开展科研工作奠定必要和扎实的基础。希望本书为从事相关研究的工作者提供一个有效的知识平台。

  在撰写本书的过程中,作者得到了同行业内许多专家学者的指导和帮助,在此表示真诚的感谢;同时还参考了国内外大量的著作及文献,并在书后列出了主要的参考书籍名录,谨此表示深深的谢意,如有疏漏,敬请包涵。由于作者水平有限,加之人工智能是当今最热门的学科之一,各种新理论、新技术、新方法不断涌现,已有理论也在不断更新,书中难免有疏漏和不足之处,真诚希望有关专家和读者批评指正。

作　者
2019年2月

目 录

前言

第1章 人工智能概论 ··· 1
  1.1 人工智能的产生与发展 ······································ 1
  1.2 人工智能的研究与应用领域 ·································· 2
  1.3 人工智能的发展展望 ·· 8

第2章 机器学习 ·· 9
  2.1 概述 ·· 9
  2.2 机械学习 ·· 10
  2.3 归纳学习 ·· 11
  2.4 类比学习 ·· 14
  2.5 解释学习 ·· 17
  2.6 决策树学习 ·· 19
  2.7 知识发现与数据挖掘 ······································ 20

第3章 神经网络 ··· 23
  3.1 概述 ··· 23
  3.2 BP 神经网络 ·· 30
  3.3 RBF 神经网络 ··· 35
  3.4 Hopfield 神经网络 ······································· 37
  3.5 模糊神经网络 ·· 46

第4章 深度学习 ··· 52
  4.1 概述 ··· 52
  4.2 深度学习的过程 ·· 56
  4.3 深度学习的主流模型 ······································ 61
  4.4 深度学习在图像中的应用 ·································· 68
  4.5 深度学习前沿发展——增强学习与迁移学习 ················· 74

第 5 章　专家系统 ……………………………………………………… 79
5.1　概述 …………………………………………………………… 79
5.2　专家系统的结构与工作原理 ………………………………… 80
5.3　专家系统的设计与开发 ……………………………………… 81
5.4　专家系统的评价 ……………………………………………… 87
5.5　新型专家系统 ………………………………………………… 89

第 6 章　推荐系统 ……………………………………………………… 90
6.1　概述 …………………………………………………………… 90
6.2　推荐系统的算法 ……………………………………………… 90
6.3　混合推荐系统 ………………………………………………… 96
6.4　基于深度学习的推荐模型 …………………………………… 100

第 7 章　自然语言处理 ………………………………………………… 105
7.1　概述 …………………………………………………………… 105
7.2　语法分析 ……………………………………………………… 108
7.3　句法分析 ……………………………………………………… 109
7.4　语义分析 ……………………………………………………… 120
7.5　机器翻译 ……………………………………………………… 122
7.6　语音识别 ……………………………………………………… 127
7.7　问答系统 ……………………………………………………… 134

第 8 章　智能图像处理 ………………………………………………… 137
8.1　生物特征识别 ………………………………………………… 137
8.2　生物特征识别中的图像处理 ………………………………… 143
8.3　多模态生物特征识别中的信息融合 ………………………… 152

第 9 章　智能机器人 …………………………………………………… 164
9.1　概述 …………………………………………………………… 164
9.2　机器人感知 …………………………………………………… 165
9.3　机器人规划 …………………………………………………… 169
9.4　机器人控制 …………………………………………………… 181
9.5　智能机器人发展趋势 ………………………………………… 183

参考文献 ………………………………………………………………… 186

第1章 人工智能概论

自 1956 年人工智能的概念被第一次提及，人工智能发展至今的 60 多年时间里所取得的极大发展不容忽视，它引起了众多学科和不同专业背景的学者们日益重视，逐步成为一门广泛的交叉和前沿科学。近些年来，随着现代计算机的不断发展及其在软、硬件实现方面取得的长足进步，人工智能正在被应用到越来越广泛的领域中。目前来看，虽然人工智能在发展的过程中存在许多困难和挑战，但随着研究的不断深入，这些困难和挑战终将被战胜，并将推动人工智能继续向前发展。

1.1 人工智能的产生与发展

随着人类和社会的进一步发展，人们思考并制造能帮助和代替人类完成脑力劳动的智能机器成为历史的必然，人工智能正是这一必然的直接产物。人工智能是用机器模拟、延伸和扩展人类的智能。它是一门在多学科的基础上发展起来的综合性极强的边缘学科。

人工智能这个术语自 1956 年正式提出，其产生与发展大经历了以下阶段：

第一阶段：人工智能的孕育期（1956 年以前）。人类很早就有用机器代替脑力劳动的幻想。我国早在公元前 900 多年就有歌舞机器人流传的记载，古希腊到公元前 850 年也有制造机器人帮助人们劳动的神话传说。世界上很多国家的著名科学家创立了数理逻辑、自动机理论、控制论和信息论等，这些都为人工智能的产生奠定了重要的基础。

第二阶段：人工智能的形成期（1956—1970 年）。人工智能是在 10 位来自美国在数学、神经学、心理学、信息科学和计算机科学方面有着杰出贡献的科学家的一次学术研讨会中诞生的，他们讨论了用机器模拟人类智能的有关问题，正式采用了"AI(artificial intelligence)"这一术语，人工智能就是在这个时候诞生的。自此以后，人工智能在多个领域取得了重大突破，诸多科学家取得了一系列研究成果。人工智能作为一门独立学科得到了国际学术界的认可。

第三阶段:人工智能的低潮时期(1966—1973年)。一些人工智能专家被连续取得的成就冲昏了头脑,过于乐观。但随后人工智能在博弈、定理证明、问题求解、机器翻译、神经生理学等诸多不同领域遇到了各种各样的问题,开始受到社会各界的怀疑甚至是批评。甚至一些地方的人工智能研究经费被削减,机构被解散,全世界范围内的人工智能研究都跌入低谷。

第四阶段:基于知识的系统的发展时期(1969—1988年)。一大批人工智能学者没有退缩,面对困难和挫折他们仍潜心研究,在反思中认真总结前一阶段研究工作的经验教训,开辟出一条以知识为中心、面向应用开发的新道路。专家系统(expert system,ES)能利用储备的大量专门知识解决特定领域中的问题,使人工智能不只是停留在理论研究阶段。这期间出现了很多有名的专家系统,如化学专家系统 DENDRAL、用于细菌感染患者的诊断和治疗的 MYCIN 专家系统、地质勘探专家系统 PROSPECTOR、数学专家系统 MACSYMA、用于青光眼诊断和治疗的专家系统 CASNET 等。不但如此,与专家系统同时发展的重要领域还有计算机视觉和机器人,自然语言理解与机器翻译等;知识表示、不精确推理、人工智能语言等方面也取得了重大突破。但专家系统也存在一些问题,为此需要走综合集成发展的道路。

第五阶段:综合集成期(20世纪80年代末至今)。多技术、多方法的综合集成与多学科、多领域的综合应用是这一阶段专家系统的发展方向。

1.2 人工智能的研究与应用领域

1.2.1 人工智能的研究领域

1.2.1.1 机器思维

机器思维主要模拟人类的思维功能,能对通过感知得来的外部信息及机器内部的各种工作信息进行有目的的处理。机器智能主要是通过机器思维实现的,机器思维是人工智能研究中最重要、最关键的部分。在人工智能中,与机器思维有关的研究主要包括推理、搜索、规划等。

(1)推理。推理是人工智能中的基本问题之一。推理是指按照某种策略,从已知事实出发,利用知识推出所需结论的过程。根据所用知识的确定性,机器推理可分为确定性推理和不确定性推理两大类。

确定性推理是指推理所使用的知识和推出的结论都是可以精确表示的，其真值要么为真，要么为假。确定性推理的理论基础是一阶经典逻辑，包括一阶命题逻辑和一阶谓词逻辑。其主要推理方法包括：直接运用一阶逻辑中的推理规则进行的自然演绎推理，基于鲁滨逊归结原理的归结演绎推理和基于产生式规则的产生式推理。由于现实世界中的大多数问题是不能精确描述的，因此确定性推理能解决的问题很有限，更多的问题应该采用不确定性推理方法。

不确定性推理是指推理所使用的知识和推出的结论可以是不确定的。不确定性推理的理论基础是非经典逻辑和概率理论等。非经典逻辑泛指除一阶经典逻辑外的其他各种逻辑，如多值逻辑、模糊逻辑、模态逻辑、概率逻辑等。针对不同的不确定性的起因，人们提出了不同的理论和推理方法。在人工智能中，最常用的有代表性的不确定性理论和推理方法包括：基于可信度的确定性理论，基于贝叶斯公式的主观贝叶斯方法，基于概率的证据理论和基于模糊逻辑的可能性理论等。

（2）搜索。搜索也是人工智能中的最基本问题之一。搜索是指为了达到某一目标，不断寻找推理线路，以引导和控制推理，使问题得以解决的过程。

人工智能的最早应用实践就是问题求解。该领域最有名的例子就是下棋程序。问题求解是指通过搜索的方法寻找目标解的一个合适的操作序列，并同时满足问题的各种约束。在解决该结构问题时，通常有巨大的搜索空间，理论上可以用穷举法找到最优解，但是实践时由于时空约束而无法得到最优解。因此，问题求解的核心就是搜索技术。

一般搜索系统包括3部分：

①全局数据库。全局数据库中含有与具体任务相关的信息，这些信息可以用来反映问题的当前状态、约束条件和预期目标。可以根据具体问题采用逻辑公式、数组、矩阵等不同的数据结构。

②算子集。也称操作规则集，用来对数据库进行操作运算。算子一般包括条件和动作两部分。条件给出了适用于算子的先决条件，动作表述了适用算子之后的结果，即引起状态中某些分量的变化。

③控制策略。该策略可以决定下一步选用哪一个算子以及在何处应用。控制策略通常选择算子集中最有可能导致目标状态或者最优解的算子运用到当前状态上，不然可能会引起组合爆炸等问题。

搜索技术的最大难点在于寻找合理有效的启发式规则。

（3）规划。规划是一种重要的问题求解技术，是从某个特定问题状态出发，寻找并建立一个操作序列，直到求得目标状态为止的一个行动过程的描述。

比较完整的规划系统是斯坦福研究所问题求解系统（sTanford research institute problem solver，STRIPS），它是一种基于状态空间和 F 规则的规划系统。F 规则是指以正向推理使用的规则。整个 STRIPS 系统由 3 部分组成，如图 1.1 所示。

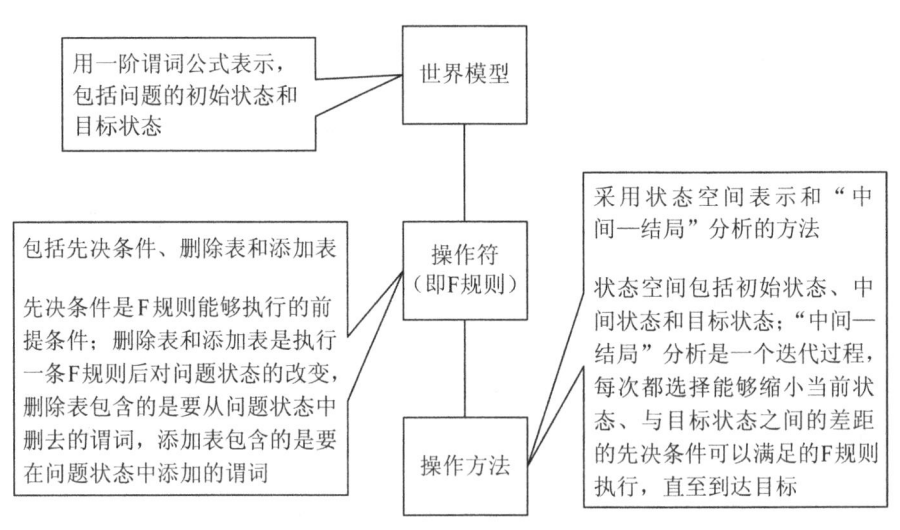

图 1.1 整个 STRIPS 系统的三个部分

1.2.1.2 机器学习

计算机有智能的前提是要有知识。如果是通过单纯输入的方式使计算机具有知识，不能保证知识及时地更新，特别是计算机不能适应环境的变化。为了使计算机具有真正的智能，必须使计算机具有获得新知识、学习新技巧并在实践中不断完善、改进的能力，实现自我完善。

（1）什么是机器学习。机器学习（machine learning）就是研究计算机怎样模拟或实现人类的学习行为，以获取新的知识或技能，重新组织已有的知识结构使之不断改善自身的性能。计算机通过书本、与人谈话、对环境的观察等方式进行学习，并在实践中实现自我完善。只有让计算机系统具有类似人的学习能力，才有可能实现人类水平的人工智能。

机器学习是一个难度较大的研究领域，它与脑科学、神经心理学、计算机视觉、计算机听觉等都有密切联系，依赖于这些学科的共同发展。经过近些年的研究，机器学习在深度学习的研究方面取得了长足的进步，但并未从根本上解决问题。

（2）知识发现和数据挖掘。随着计算机网络的飞速发展，计算机处理的信息量越来越大。数据库中包含的大量信息无法得到充分的利用,造成信息浪费,甚至变成大量的数据垃圾。因此,人们开始考虑以数据库作为新的知识源。数据挖掘(data mining,DM)和知识发现(knowledge discovery,KD)是20世纪90年代初期崛起的一个活跃的研究领域。

知识发现是从数据库中发现知识的全过程,而数据挖掘则是这个全过程中一个特定的、关键的步骤。数据挖掘的目的是从数据库中找出有意义的模式。这些模式可以是一组规则、聚类、决策树、依赖网络或以其他方式表示的知识。

知识获取是人工智能的关键问题之一。因此,知识发现和数据挖掘成为当前人工智能的一个研究热点。这是一个富有挑战性并具有广阔应用前景的研究课题。

1.2.1.3 机器感知

所谓机器感知就是使机器(计算机)具有类似于人的感知能力。

(1) 机器视觉。人们已经给计算机系统装上电视输入装置以便能够"看见"周围的东西。视觉是一种感知问题,在人工智能中研究的感知过程通常包含一组操作。

(2) 模式识别。人工智能所研究的模式识别是指用计算机代替人类或帮助人类感知模式,是对人类感知外界功能的模拟,研究的是计算机模式识别系统,也就是使一个计算机系统具有模拟人类通过感官接受外界信息、识别和理解周围环境的感知能力。至今,在模式识别领域,神经网络方法已经成功地用于手写字符的识别、汽车牌照的识别、指纹识别、语音识别等方面。

(3) 自然语言处理。自然语言处理(natural language processing)一直是人工智能的一个重要领域,主要研究实现人与机器之间进行自然语言有效交流的各种理论和方法,主要包括自然语言理解、机器翻译及自然语言生成等。自然语言是人类进行信息交流的主要媒介,但由于它的多义性和不确定性,使得人类与计算机系统之间的交流主要依靠那种受到严格限制的非自然语言。要真正实现人机之间的直接自然语言交流,还有待于自然语言处理研究的突破性进展。

自然语言理解可分为声音语言理解和书面语言理解两大类。其中,声音语言的理解过程包括语音分析、词法分析、句法分析、语义分析和语用分析5个阶段;书面语言的理解过程除不需要语音分析外,其他4个阶段与声音语言理解相同。自然语言理解的主要困难在语用分析阶段,原因是它涉及上下文知识,需要考虑语境对语意的影响。

机器翻译是指用机器把一种语言翻译成另一种语言。它是不同民族和国家之间交流的重要基础,在政治、经济、文化交往中起着非常重要的作用。自然语言生成是指让机器具有像人那样的自然语言表达和写作功能。在自然语言处理方面,尽管目前已取得了很大的进展,如机器翻译、自然语言生成等,但离计算机完全理解人类自然语言的目标还有一定距离。实际上,自然语言处理的研究不仅对智能人机接口有着重要的实际意义,还对不确定性人工智能的研究具有重大的理论价值。

1.2.1.4 机器行为

机器行为作为计算机作用于外界环境的主要途径,也是机器智能的主要组成部分。下面主要介绍智能控制、智能制造。

(1)智能控制。智能控制是一类无须或者尽可能少的人的干预就能够独立完成任务的自动控制。目前,常用的智能控制方法主要包括模糊控制、神经网络控制、分层递阶智能控制、专家控制和学习控制等。智能控制涉及的领域很多,目前主要有以下6个方面:智能机器人规划与控制、智能过程规划、智能过程控制、专家控制系统、语音控制以及智能仪器。

1998年10月24日,宇宙飞船"深空一号"发射升空,其目的是测试12项高风险技术。飞行的成功使其使命延长,"深空一号"最终在2001年12月18日退役。该软件就是称为远程代理的一个人工智能系统,它能够规划和控制宇宙飞船的活动。

(2)智能制造。智能制造是指以计算机为核心,集成有关技术,以取代、延伸与强化有关专门人才在制造中的相关智能活动所形成、发展乃至创新了的制造。智能制造中采用的技术称为智能制造技术,是指在制造系统和制造过程中的各环节,通过计算机来模拟人类专家的制造智能活动,并与制造环境中人的智能进行柔性集成与交互的各种制造技术的总称。智能制造技术主要包括机器智能的实现技术、人工智能与机器智能的融合技术、多智能源的集成技术。

在实际智能制造模式下,智能制造系统一般为分布式协同求解系统,其本质特征表现为智能单元的"自主性"和系统整体的"自组织能力"。近年来,智能代理技术被广泛应用于网络环境下的智能制造系统开发。

1.2.1.5 计算智能

计算智能主要借鉴仿生学的思想,应属于智能学习部分,目前还没有一个统一的定义,美国科学家贝兹德克(Bezdek)认为不具有计算适应性、计算容错力、接近人的计算速度和近似人的误差率这几个特性,就不能称之为计算智能,其涉及的主要领域有模糊计算、神经计算、进化计算、免疫计算等。

1.2.1.6 分布式人工智能

分布式人工智能(distributed artificial intelligence,DAI)的研究目前有两个主要方向:分布式问题求解、多代理系统。分布式问题求解主要研究如何在多个合作者之间进行任务划分和问题求解。多代理系统主要研究如何在一群自主的代理之间进行智能行为的协调,是由多个自主代理组成的一个分布式系统。在这种系统中,每个代理都可以自主运行和自主交互,即当一个代理需要与别的代理合作时,就通过相应的通信机制,去寻找可以合作并愿意合作的代理,以共同解决问题。

1.2.1.7 智能系统

智能系统可以泛指各种具有智能特征和功能的软硬件系统。从这种意义上讲,前面讨论的研究内容几乎都能以智能系统的形式来出现,如智能控制系统、智能检索系统等。此外还有专家系统和智能决策支持系统等。

1.2.1.8 人工心理和人工情感

在人类神经系统中,智能并不是一个孤立现象,它往往与心理和情感联系在一起。心理学的研究结果表明,心理和情感会影响人的认知,即影响人的思维,因此在研究人类智能的同时,也应该开展对人工心理和人工情感的研究。

人工心理就是利用信息科学的手段,对人的心理活动(重点是人的情感、意志、性格、创造)进行更全面的人工机器(计算机、模型算法)模拟,其目的在于从心理学广义层次上研究情感、情绪与认知,以及动机和情绪的人工机器实现问题。

人工情感是利用信息科学的手段对人类情感过程进行模拟、识别和理解,使机器能够产生类人情感,并与人类自然、和谐地进行人机交互的研究领域。目前,人工情感研究的两个主要领域是情感计算和感性工程学。

人工心理和人工情感应用前景广阔,如人性化的产品设计和市场开发,以及人性化的电子化教育等。

1.2.2 人工智能的典型应用

人工智能的应用领域十分广泛,只要有人涉足甚至只要人想涉足的地方,都会有人工智能的用武之地,如智能机器人、智能教育、智能医疗、智能农业、智能金融、智能交通、智能健康、智能商务、智慧城市、智能家居、智能制造、智能政务、智慧法庭、智能公安等。

例如，智能机器人是一种自动化的机器，具有相当发达的"大脑"，具备一些与人或生物相似的智能能力，是一种具有高度灵活性的自动化机器。机器人世界杯足球赛是当前引人注目的比赛，有利于推动机器人的研究和开发。有人预言由机器人组成的足球队将在2050年世界杯足球赛中打败专业足球队。当然，目前研制的这些机器人，仍然只具有部分智能，它们与真正意义的生命智能还相距甚远，机器人视觉和自然语言交流是其中的两个主要难点。

1.3 人工智能的发展展望

目前人工智能的理论体系还没有完全形成。人工智能的研究途径主要有以符号处理为核心的方法、以网络连接为主的连接机制方法，以及以感知和动作为主的行为主义方法等，这些方法的集成和综合已经成为当今人工智能研究的一个趋势。

1.3.1 多学科交叉研究

从人工智能的起源便知，它是一门多学科交叉科学，在今后同样也是，其与信息科学、生物学、数学、心理学等学科的交叉研究也将是今后工作中所不可避免的。

1.3.2 智能应用和智能产业

进入21世纪，互联网的普及和大数据的兴起又一次将人工智能推向新的高峰。基于大数据、信息空间的知识自动化将开拓人类向人工世界进军，深度开发大数据和智力资源，深化农业和工业的智能革命。脑科学、认知科学和人工智能等学科交叉研究的智能科学将指引类脑计算的发展，实现人类水平的人工智能。

第 2 章 机 器 学 习

机器学习是继专家系统之后人工智能应用的又一重要领域，也是人工智能研究的核心课题之一。机器学习一直受到人工智能及认知心理学家们的普遍关注。但机器学习一直被公认为是设计和建造高性能专家系统的"瓶颈"，如果在这一研究领域中有所突破，将成为人工智能发展史上的一个里程碑。

2.1 概　述

什么叫机器学习？至今，还没有统一的定义，也很难给出一个公认的和准确的定义。简单地按照字面理解，机器学习的目的是让机器能像人一样具有学习能力。机器学习领域奠基人之一、美国工程院院士 Mitchell 教授认为机器学习是计算机科学和统计学的交叉，同时是人工智能和数据科学的核心。他在撰写的经典教材 *Machine Learning* 中所给出的机器学习经典定义为"利用经验来改善计算机系统自身的性能"。一般而言，经验对应于历史数据（如互联网数据、科学实验数据等），计算机系统对应于机器学习模型（如决策树、支持向量机等），而性能则是模型对新数据的处理能力（如分类和预测性能等），如图 2.1 所示。通俗来说，经验和数据是燃料，性能是目标，而机器学习技术则是火箭，是计算机系统通往智能的技术途径。

图 2.1　机器学习的含义

更进一步说，机器学习致力于研究如何通过计算的手段，利用经验改善系统自身的性能，其根本任务是数据的智能分析与建模，进而从数据里面挖掘出有用的价值。随着计算机、通信、传感器等信息技术的飞速发展以及互联网应用的日益普及,人们能够以更加快速、容易、廉价的方式来获取和存储数据资源,使得数字化信息以指数方式迅速增长。但是,数据本身是死的,它不能自动呈现出有用的信息。机器学习技术是从数据当中挖掘出有价值信息的重要手段,它通过对数据建立抽象表示并基于表示进行建模,然后估计模型的参数,从而从数据中挖掘出对人类有价值的信息。

2.2 机械学习

记忆学习(rote learning)也称为机械学习,是通过记忆和评价外环境提供的信息来达到学习的目的。在这种学习方法中,学习环节对外部提供的信息不进行任何变换,只进行简单的记忆。记忆学习又是一种最基本的学习过程,原因是任何学习系统都必须记住它们所获取的知识,以便将来使用。

记忆学习的过程是:执行元素每解决一个问题,系统就记住这个问题和它的解,当以后再遇到此类问题时,系统就不必重新进行计算,而可以直接找出原来的解去使用。

如果把执行元素比作一个函数 f,把由环境得到的输入模式记为 $(x_1, x_2, \cdots, x_n)$,由该输入模式经 f 计算后得到的输出模式记为 $(y_1, y_2, \cdots, y_m)$,则机械学习系统是把这一输入/输出模式对 $[(x_1, x_2, \cdots, x_n), (y_1, y_2, \cdots, y_m)]$ 保存在知识库中,以后需要计算 $f(x_1, x_2, \cdots, x_n)$ 时,就可以直接从存储器中把 $(y_1, y_2, \cdots, y_m)$ 检索出来,而不需要重新进行计算。简单的记忆学习模型如图 2.2 所示。

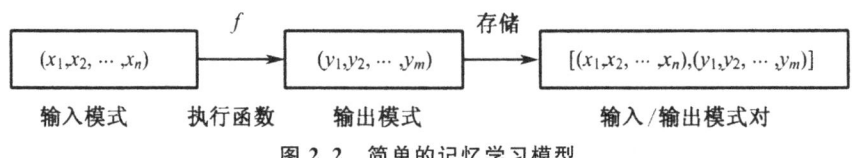

图 2.2 简单的记忆学习模型

以医生看病问题为例,医生经过长期的医疗实践,会从大量的病例中归结出许多诊断经验。其中,每条经验相当于一个输入/输出模式对。这样,医生遇到病人,就可以直接利用已经归纳出来的诊断经验,而不必每遇到一个病人都去重新归纳经验。

2.3 归纳学习

归纳学习包括实例学习、观察学习、发现学习等，本节对这三类逐一介绍。

2.3.1 实例学习

实例学习又称示例学习或通过示例学习，它是通过从环境中取得若干与某概念有关的例子(包括正例和反例)，经归纳得出一般性概念或规则的学习方法。例如，学习程序要学习"牛"的概念，可以先提供给程序以各种动物，并告知程序哪些动物是"牛"，哪些不是"牛"，系统学习后便概括出"牛"的概念模型或类型定义，利用这个类型定义就可作为动物世界中识别"牛"的分类准则。又如，教给一个程序下棋的方法，可以提供给程序一些具体棋局及相应的正确走法和错误走法，程序总结这些具体走法，发现一般的下棋策略。因此，实例学习就是要从这些特殊知识中归纳出适用于更大范围的一般性知识，它将覆盖所有的正例并排除所有的反例。

2.3.1.1 实例学习的学习模型

实例学习的学习模型如图 2.3 所示。其学习过程是，首先从实例空间(环境)中选择合适的训练实例，然后经解释归纳出一般性的知识，最后再从实例空间中选择更多的示例对它进行验证，直到得到可实用的知识为止。

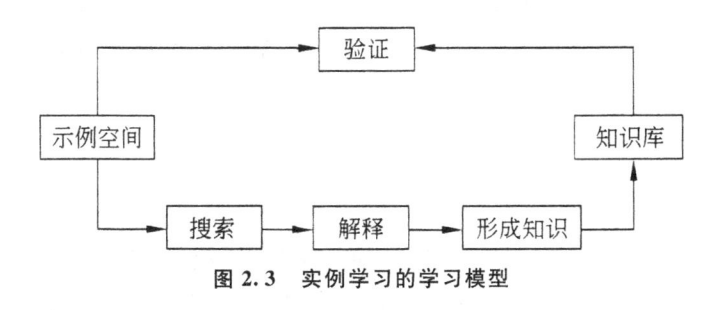

图 2.3 实例学习的学习模型

2.3.1.2 实例学习的学习方法

变形空间学习方法(learning by version space)，也称为变形空间学习法。该方法以整个规则空间为初始的假设规则集合 H。依据示教例子中的信息，系统对集合 H 进行一般化或特殊化处理，逐步缩小集合 H，最后使得 H 收敛到只含有要求的规则。由于被搜索的空间 H 逐渐缩小，故称为变形空间法。

在规则空间中，表示规则的点与点之间存在着一种由一般到特殊的偏序关系，将其定义为覆盖。

图 2.4 展示了一个规则空间偏序关系的一部分。可以把归纳学习看成是对所有训练示例相一致的概念空间的搜索。在搜索规则空间时，使用一个可能合理的假设规则的集合 H，是规则空间的子集。

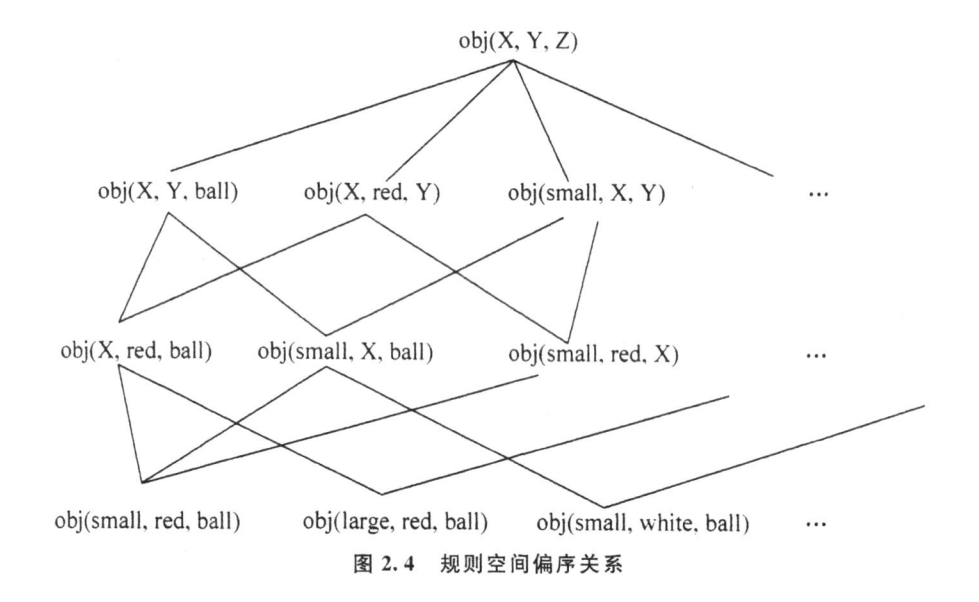

图 2.4 规则空间偏序关系

集合 H 由两个子集 G 和 S 所限定，子集 G 中的元素表示 H 中的最一般的概念，子集 S 中的元素表示 H 中的最特殊的概念，集合 H 由 G、S 及 G 与 S 之间的元素构成，即

$$H = G \cup S \cup \{k | S < K < G\}$$

式中：<表示变形空间中的偏序关系，如图 2.5 所示。

该算法分为以下 4 个步骤：

（1）把 H 初始化为整个规则空间。这时 G 仅包含空描述。S 包含所有最特殊的概念。实际上，为避免 S 集合过大，算法把 S 初始化为仅包含第一个示教正例。

（2）接受一个新的示教例子。如果这个例子是正例，则从 G 中删除不包含新例的概念，然后修改 S 为由新正例和 S 原有元素共同归纳出最特殊化的泛化。这个过程称为对集合 S 的修改过程。如果这个例子是反例,则从 S 中删去包含新例的概念,再对 G 作尽量小的特殊化,使之不包含新例。这个过程称为集合 G 的修改过程。

(3) 重复步骤(2),直到 G=S,且使这两个集合都只含有一个元素为止。

(4) 输出 H 中的概念(即输出 G 或 S)。

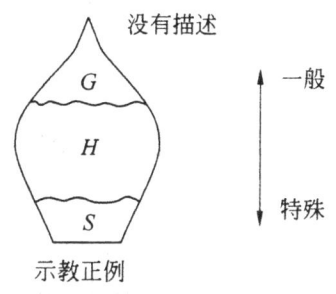

图 2.5 变形空间偏序关系

2.3.2 观察与发现学习

观察与发现学习分为观察学习与发现学习两种。前者用于对事例进行概念聚类,形成概念描述;后者用于发现规律,产生相应的规则。

2.3.2.1 概念聚类

概念聚类是一种观察学习。其基本思想是把事例按一定的方式和准则进行分组,如划分为不同的类,不同的层次等,使不同的组代表不同的概念,并且对每一个组进行特征概括,得到一个概念的语义符号描述。

例如,对下列事例:

麻雀、乌鸦、喜鹊、鸡、鸭、鹅……

可根据它们是否家禽分为如下两类:

鸟={麻雀,乌鸦,喜鹊,…}

家禽={鸡,鸭,鹅,…}

这里,"鸟""家禽"就是由聚类得到的新概念,并且根据相应动物的特征还可得知:

"鸟有羽毛,有翅膀,会飞,会叫,野生"。

"家禽有羽毛,有翅膀,会飞,会叫,家养"。

如果它们的共同特征提取出来了,就能得到"鸟类"的概念。

2.3.2.2 发现学习

发现学习是从系统的初始知识、观察事例或经验数据中归纳出规律或规则。这是最困难且最富创造性的一种学习。它可分为经验发现与知识发现两种,前者指从经验数据中发现规律和定律,后者是指从已观察的事例中发现新的知识。

发现学习使用归纳推理,在学习过程中除了初始知识外,教师不进行指导,所以,它是无教师指导的归纳学习。

2.4 类比学习

类比是人类认识世界的一种重要方法,也是诱导人们学习新事物、进行创造性思维的重要手段。类比学习就是通过类比,即通过对相似事物进行比较所进行的学习。类比学习的基础是类比推理,近年来由于对机器学习需求的增加,类比推理越来越受到人工智能、认知科学等的重视,希望通过对它的研究有助于探讨人类求解问题及学习新知识的机制。

2.4.1 属性类比学习

属性类比学习是根据两个相似事物的属性实现类比学习的。该系统中源域和目标域都是用框架表示的,框架的槽用于表示事物的属性,其学习过程是把源框架中的某些槽值传递到目标框架的相应槽中去,此种传递分为两步。

第1步,利用源框架产生推荐槽,这些槽的值可传送到目标框架。

第2步,利用目标框架中已有的信息来筛选由第一步推荐的相似性。

正如已研究过的其他学习过程一样,此过程也依靠:

(1) 知识表示。用框架来表示要比较的对象,ISA分层结构,以便找出被比较对象的密切关系。

(2) 问题求解。采用生成测试法,首先生成可能类似物,再挑最佳物。

因类比是问题求解和学习的有效形式,所以它正引起人们的足够注意。

2.4.2 转换类比学习

转换类比学习方法是基于"中间—结局分析"法发展起来的,是纽厄尔、西蒙等人在其完成的通用问题求解程序(general problem solver,GPS)中提出的一种问题求解模型。其求解问题的基本过程如下：

第1步,把问题的当前状态与目标状态进行比较,找出它们之间的差异。

第2步,根据第1步所得到的差异找出一个可减少差异的算符。

第3步,若该算符可以作用于当前状态,则该算符把当前状态改变为另一个更接近目标的状态;若该算符不能作用于当前状态,即当前状态所具备的条件与算符要求的条件不一致,则保留当前状态,并生成一个子问题,然后对此子问题用此法。

第4步,当子问题被求解以后,恢复保留的状态,继续处理原问题。

转换类比学习方法由外部环境获得与类比有关的信息,学习系统找出与新问题相似的旧问题的有关知识,对这些知识进行转换,使之适用于新问题,从而获得新的知识。它主要由回忆过程和转换过程组成。

回忆过程用于寻找新旧问题的差别,具体准则如下：

（1）新旧问题初始状态的差别。

（2）新旧问题目标状态的差别。

（3）新旧问题路径约束的差别。

（4）新旧问题求解问题可应用度的差别。

根据以上准则可以求出新旧问题的差别度,差别度越小,表示两者越相似。

转换过程是对旧问题的解进行适当的变换,使之成为求解新问题的方法。变换时,其初始状态是与新问题类似的旧问题的解,即一个算符序列,目标状态是新问题的解。变换中通过"中间—结局分析"法来减少目标状态与初始状态之间的差异,使初始状态逐步过渡到目标状态,即求出新问题的解。

转换类比的过程如图2.6所示。

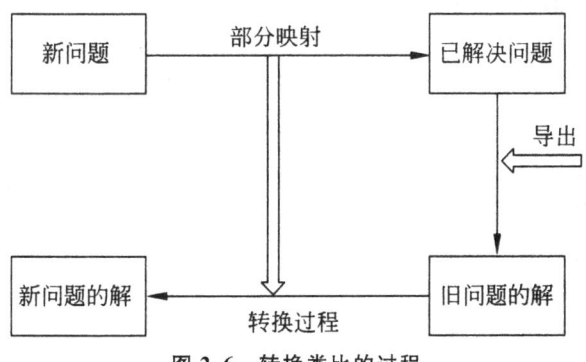

图2.6 转换类比的过程

当遇到新问题时，将新问题映射到原先已经解决的问题中，如果部分映射，并且从已解决问题中可以引导出解决新问题的方法，则在该方法的基础上通过匹配和转换得到新问题的解决方法。

2.4.3 派生类比学习

遇到新问题，将新问题映射到原问题中，在原有问题的基础上抽象出解决方法；同时，新问题能重新引导出另一个原先已解决的问题，即派生出另一个问题，且能从该问题中得出新的解决方法，此时便可以类比两个已解决的问题的解决方法，找出相似之处，得出新问题的解决方法。派生类比的过程如图2.7所示。

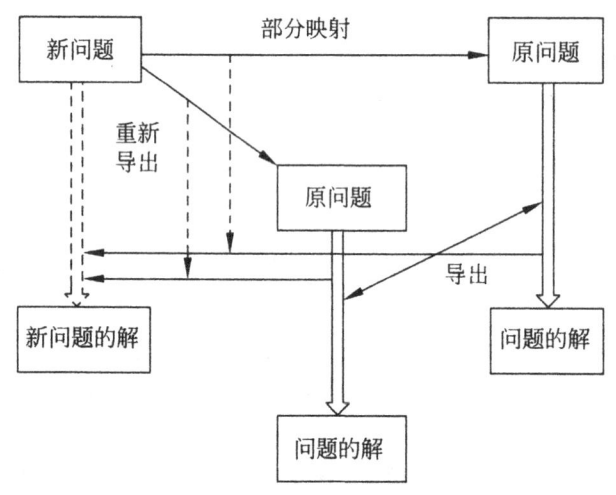

图2.7 派生类比学习的过程

2.4.4 联想类比学习

联想类比学习是把已知领域（源系统）的知识联想到未知领域（目标系统）的类比方法，是一种综合的类比推理方法。

联想类比条件：
(1) 同构相似联想。
(2) 同态相似联想。
(3) 接近联想。
(4) 对比联想。
(5) 模糊联想。

2.5 解释学习

解释学习是通过运用相关的领域知识及一个训练实例来对某一目标概念进行学习,并最终生成这个目标概念的一般性描述。该一般描述是一个可形式化表示的一般性知识。

2.5.1 解释学习框架

解释学习过程将大量的观察事例汇集在一个统一、简单的框架内,通过分析为什么实例是某个目标概念的例子,对分析过程(一个解释)加以推广,剔去与具体例子有关的成分,从而产生目标概念的一个描述。通过对一个实例的分析学习,抽象的目标概念被具体化了,从而变得更易理解与操作,为类似问题的求解提供有效的经验。

解释学习的一般框架可以用一个四元组<DT,TC,E,C>来表示,其中,DT代表域理论(domain theory),它包含一组事实和规则,用于证明或解释训练实例如何满足目标概念;TC(target concept)为目标概念的非操作性描述;E为训练实例,即相应的TC的一个例子;C为操作性准则(operationality criterion),用以表示学习得到的目标概念可用其基本的可操作的概念表示。C是定义在概念描述上的一个二阶谓词。基于解释的学习的任务是从训练实例中找出一个一般描述。该描述中的谓词均是可操作的,且构成目标概念成立的充分条件。

下面的例子是一个用prolog描述的基于解释的学习系统的实例。

有一个自杀事件,其应用模型如下。

(1) 领域理论。如果一个人感到沮丧,他会恨自己:

hate(x,x):--depressed(x)

如果一个人买了某物,那么他就拥有该物:

possess(x,y):--buy(x,y)

猎枪是武器,手枪也是武器:

weapon(x):--shotgun(x)

weapon(x):--pistol(x)

(2) 目标概念。如果x恨y,并且x拥有武器z,那么y可能被x所杀,即

kill(x,y):--hate(x,y),weapon(z),possess(x,z)

(3) 操作准则。谓词 depressed,buy,shotgun,pistol 均为可操作性谓词,即

operational(depressed(x))

operational(buy(x,y))

operational(shotgun(x))

operational(pistol(x))

在操作准则中,operational 是谓词,它的变元也是谓词,所以操作准则是二阶谓词。在这一例子中,学习任务是获得一条判断自杀的法则,所使用的实例为自杀事件中 3 条事实。

2.5.2 解释学习过程

基于解释的学习过程可分为如下两个步骤:

(1) 分析阶段,生成一棵证明树,解释为什么该实例是目标概念的一个实例。

(2) 基于解释的抽象(explanation-based generalization,EBG)阶段。

通过将实例证明树中的常量用变量进行替换,形成一棵基于解释的抽象树,得到目标概念的一个充分条件。

在前面的例子中,因为系统要学习关于"自杀"的概念,首先在分析阶段求解的目标为 kill(John,John),即判定 John 是否自杀,得到如图 2.8 所示的证明树。

图 2.8 自杀实例的证明树

在基于解释的抽象阶段,通过实例证明比较,基于解释学习 EBG 树将实例证明树中所有常量均用变量加以替换,并且保持一致替换,得到图 2.9 所示的基于解释学习 EBG 树。

由于这个 EBG 树中每个叶节点对应的概念均是可操作的,因此可以得到判断"自杀"的一个充分性条件:"如果某人感到沮丧,且买了猎枪,则某人可能是自杀而死。"相应的规则为

kill(x,x):depressed(x),shotgun(y),buy(x,y)

```
                    kill(x, x)
        ┌───────────────┼───────────────┐
     hate(x, x)      weapon(y)      possess(x, y)
        │               │               │
     depressed(x)    shotgun(y)      buy(x, y)
```

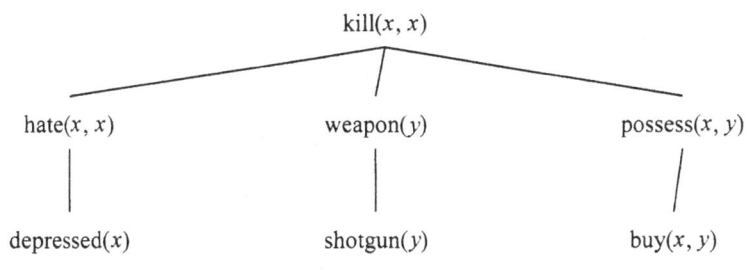

图 2.9　自杀实例的基于解释学习 EBG 树

2.6　决策树学习

决策树（decision tree）是一类常见的监督学习方法，代表的是对象属性与对象值之间的一种映射关系。顾名思义，决策树是基于树结构来进行决策的，这恰是人类在面临决策问题时一种很自然的处理机制。一棵决策树一般包含一个根节点、若干个内部节点和若干个叶节点，其中每个内部节点表示一个属性上的测试，每个分支代表一个测试输出，每个叶节点代表一种类别。

表 2.1 中的训练数据，每一行代表一个样本点，分别从颜色、形状、大小 3 方面的特征来描述水果属性。通过构造如图 2.10 所示的决策树，利用不同的叶节点对应形状、大小、颜色等不同的属性并分别测试，我们可以得到最终的叶节点，从而将所有样本根据其属性分成不同的类别。

表 2.1　水果训练数据

编号	颜色	形状	大小	类别
1	红	球	一般	苹果
2	黄	弯月	一般	香蕉
3	红	球	小	樱桃
4	绿	椭球	大	西瓜
5	橘	黄球	一般	橘子

决策树学习的目的是产生一棵泛化能力强（即处理未见示例能力强）的决策树，其基本流程遵循简单且直观的"分而治之"（divide-and-conquer）策

略。通常来讲,决策树的生成是一个递归过程。在决策树基本算法中,有3种情形会导致递归返回:①当前节点包含的样本全属于同一类别,无须划分;②当前属性集为空或是所有样本在所有属性上取值相同,无法划分;③当前节点包含的样本集合为空,不能划分。

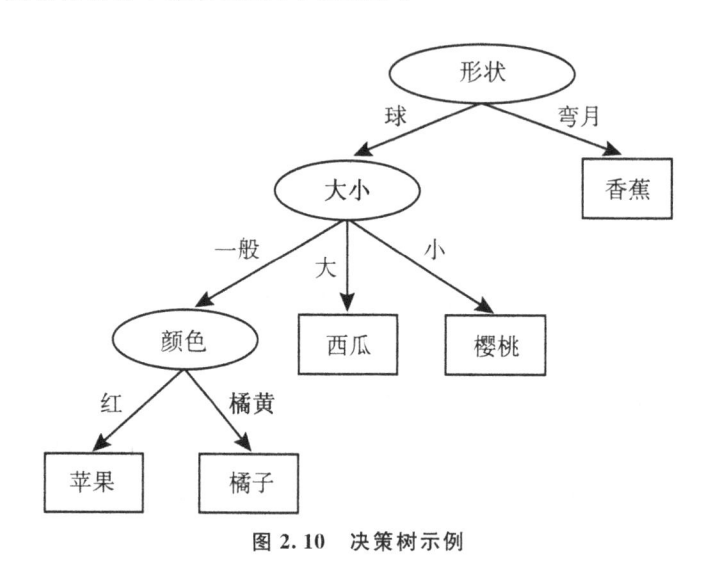

图 2.10　决策树示例

同其他分类器相比,决策树易于理解和实现,具有能够直接体现数据的特点,因此,人们在学习过程中不需要了解很多的背景知识,通过解释都有能力去理解决策树所表达的意思。决策树往往不需要准备大量的数据,并且能够同时处理数据型和常规型属性,在相对短的时间内能够对大型数据源给出可行且效果良好的结果;同时,如果给定一个观察模型,那么根据所产生的决策树很容易推出相应的逻辑表达式。

决策树学习的关键是如何选择最优划分属性。一般而言,随着划分过程不断进行,我们希望决策树的分支节点所包含的样本尽可能属于同一类别,即节点的"纯度"(purity)越来越高。相关的研究者提出了信息增益、增益率、基尼指数等不同准则用以实现决策树划分选择,但经典决策树在存在噪声的情况下其性能会出现明显下降。

2.7　知识发现与数据挖掘

智能信息处理的瓶颈问题——知识获取,随着数据库技术和计算机网络技术的发展和广泛应用而面临新的机遇与挑战。全世界的数据库和计算机网络中所存储的数据量极为庞大,堪称海量数据,而且呈日益扩大之势。例如,气象部门每天要处理多达 1GB 以上的数据。数据库系统虽然提供了对这些数据的管理和一般处理,并可在这些数据上进行一定的科学研究和商业分析,但是人工处理方式很难对如此庞大的数据进行有效的处理和应用。人们需要采用新的思路和技术,对数据进行高级处理,从中寻找和发现某些规律和模式,以期更好地发现有用信息,帮助企业、科学团体和政府部门做出正确的决策。机器学习能够通过对数据及其关系的分析,提取出隐含在海量数据中的知识。数据库知识发现(knowledge discovery in database,KDD)技术因此应运而生。

知识发现的全称是从数据库中发现知识;数据挖掘有时也称数据开采、数据采掘等;其实二者的本质含义是一样的,只是知识发现主要流行于人工智能和机器学习领域,而数据挖掘主要流行于统计、数据分布、数据库和管理信息系统等领域。所以,现有文献中一般把二者同时列出。

知识发现和数据挖掘的目的就是从数据集中抽取和精化一般规律或模式,其所涉及的数据形态包括数值、文字、符号、图形、图像、声音,甚至视频和 Web 网页等,数据组织方式可以是有结构的、半结构的或非结构的。

知识发现的过程如图 2.11 所示。

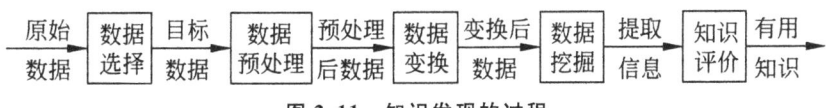

原始数据 → 数据选择 → 目标数据 → 数据预处理 → 预处理后数据 → 数据变换 → 变换后数据 → 数据挖掘 → 提取信息 → 知识评价 → 有用知识

图 2.11 知识发现的过程

(1) 数据选择。根据用户的需求从数据库中提取与 KDD 相关的数据。KDD 主要从这些数据中提取知识。在此过程中,可以利用一些数据库操作对数据进行处理,形成真实数据库。

(2) 数据预处理。主要是对(1)产生的数据进行再加工,检查数据的完整性及数据的一致性,对其中的噪声数据进行处理,对丢失的数据利用统计方法进行填补,形成发掘数据库。

(3) 数据变换。即从发掘数据库里选择数据。变换的方法主要是利用聚类分析和判别分析。指导数据变换的方式是通过人机交互由专家输入感兴趣的知识,让专家来指导数据的挖掘方向。

(4) 数据挖掘。根据用户要求,确定 KDD 的目标是发现何种类型的知识,因为对 KDD 的不同要求会在具体的知识发现过程中采用不同的知识发现算法。算法选择包括选取合适的模型和参数,并使得知识发现算法与整个 KDD 的评判标准相一致。然后,运用选定的知识发现算法,从数据中提取出用户所需要的知识,这些知识可以用一种特定的方式表示或使用一些常用的表示方式,如产生式规则等。

(5)知识评价。这一过程主要用于对所获得的规则进行价值评定,以决定所得的规则是否存入基础知识库。主要是通过人机交互界面由专家依靠经验来评价。

从上述讨论可以看出,数据挖掘只是 KDD 的一个步骤,它主要是利用某些特定的知识发现算法,在一定的运算效率内,从数据中发现有关的知识。

上述 KDD 全过程的几个步骤可以进一步归纳为 3 个步骤,即数据挖掘预处理(数据挖掘前的准备工作)、数据挖掘、数据挖掘后处理(数据挖掘后的处理工作)。

第3章 神经网络

神经网络是由众多简单的神经元连接而成的一个网络。它具有并行分布处理、非线性映射、通过训练进行学习、适应与集成、可借助硬件实现等特性,在自动控制领域展现了广阔的应用前景。

3.1 概 述

3.1.1 生物神经元结构

生物神经元也称神经细胞,是构成神经系统的基本单元。神经元的形态与功能多种多样,其典型结构如图 3.1 所示。

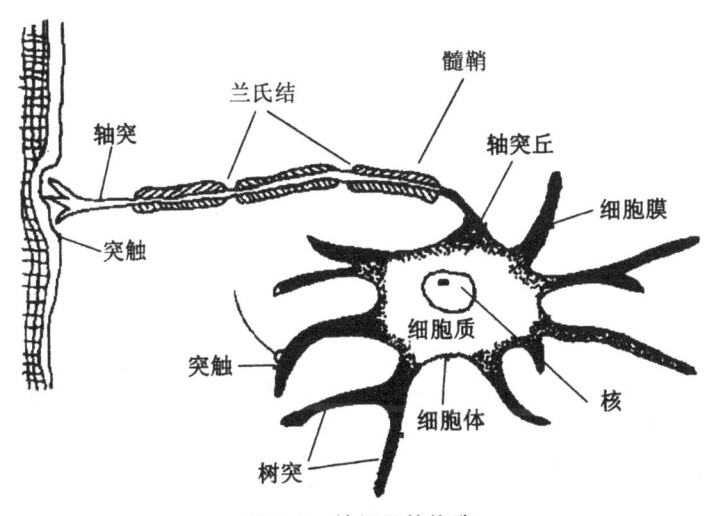

图 3.1 神经元的构造

一个完整的神经元主要包括以下几个部分:
(1) 细胞体。主要由细胞核、细胞质和细胞膜等组成。
(2) 轴突。由细胞体向外伸出的最长的一条分支,称为轴突,即神经纤维。轴突相当于细胞的传输电缆,其端部的许多神经末梢为信号的输出端,用以送出神经激励。

(3) 树突。由细胞体向外伸出的其他许多较短的分支,称为树突。它相当于神经细胞的输入端,用于接受来自其他神经细胞的输入激励。

(4) 突触。细胞与细胞之间(即神经元之间)通过轴突(输出)与树突(输入)相互连接,其接口称为突触,即神经末梢与树突相接触的交界面,每个细胞有 $10^3 \sim 10^4$ 个突触。突触有两种类型,即兴奋型与抑制型。

(5) 膜电位。细胞膜内外之间有电势差,为 $70 \sim 100 \mathrm{mV}$,膜内为负,膜外为正。

3.1.2 神经元数学模型

组成网络的每一个神经元模型表示于图 3.2,根据 3.1.1 节关于神经细胞的构造,该模型具有多输入 $x_i(i=1,2,\cdots,n)$ 和单输出 y,模型的内部状态由输入信号的加权和给出。神经单元的输出可表达成

$$y(t) = f\left(\sum_{i=1}^{n} w_i x_i(t) - \theta\right)$$

式中:θ 是神经单元的阈值;n 是输入的数目;t 是时间;权系数 w_i 代表了连接的强度,说明突触的负载。激励取正值;禁止激励取负值。输出函数 $f(x)$ 通常取 1 和 0 的双值函数或连续、非线性的 sigmoid 函数。

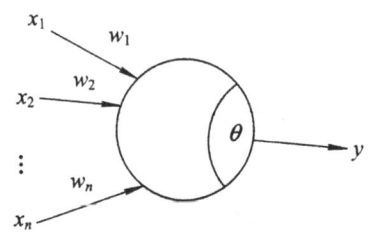

图 3.2 神经元模型

从控制工程角度来看,为了采用控制领域中相同的符号和描述方法,可以把神经元网络改变为图 3.3 所示形式。

很多神经元网络结构都可以归属于这个模型,该模型有三个部件:

(1) (一个)加权的加法器。加权加法器可表示为

$$v_i(t) = \sum_{j=1}^{n} a_{ij} y_j(t) + \sum_{k=1}^{m} b_{ik} u_k(t) + w_i$$

式中:y_i 是所有单元的输出;u_k 为为外部输入;a_{ij} 和 b_{ik} 为相应的权系数;w_i 为常数;$i,j=1,2,\cdots,n;k=1,2,\cdots,m$。$n$ 个加权的加法器单元可以方

便地表示成向量—矩阵形式：
$$v(t) = Ay(t) + Bu(t) + w$$
式中：v 为 N 维列向量，y 为 N 维向量，u 为 M 维向量，A 为 $N \times N$ 矩阵，B 为 $N \times M$ 矩阵，w 为 N 维常向量，它可以与 u 合在一起，但分开列出有好处。

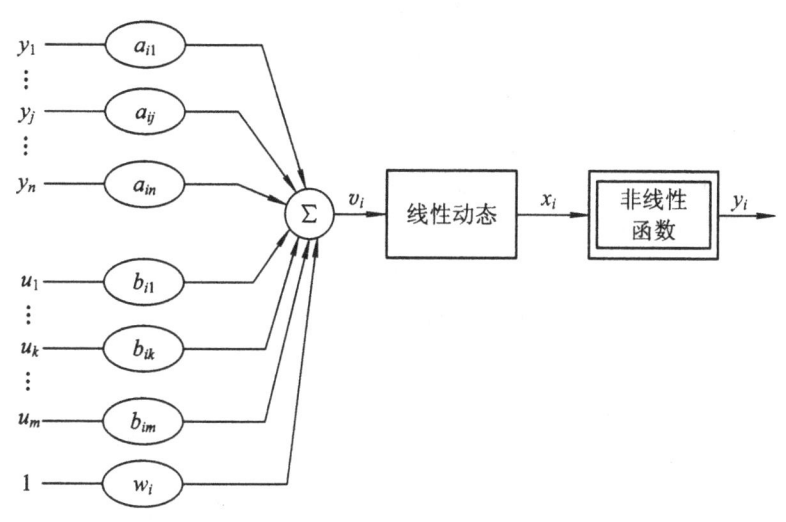

图 3.3 神经元模型框图

（2）线性动态单输入单输出（SISO）系统。该系统输入为 v_i，输出为 x_i，按传递函数形式描述为
$$\bar{x}_i(s) = H(s)\bar{v}_i(s)$$
该式表示为拉氏变换形式。在时域，将该式变成
$$x_i = \int_{-\infty}^{t} h(t-t')v_i(t')\mathrm{d}t'$$
式中：$H(s)$ 和 $h(t)$ 组成了拉氏变换对。

$$H(s) = 1 \qquad h(t) = \delta(t)$$

$$H(s) = \frac{1}{s} \qquad h(t) = \begin{cases} 0, t < 0 \\ 1, t \geqslant 0 \end{cases}$$

$$H(s) = \frac{1}{1+sT} \qquad h(t) = \frac{1}{T}\mathrm{e}^{-t/T}$$

$$H(s) = \frac{1}{a_0 s + a_1} \qquad h(t) = \frac{1}{a_0}\mathrm{e}^{-(a_1/a_0)t}$$

$$H(s) = \mathrm{e}^{-sT} \qquad h(t) = \delta(t-T)$$

上面表达式中，δ 是狄拉克函数。在时域中，相应的输入输出关系为
$$x_i(t) = v_i(t)$$

$$\dot{x}_i(t) = v_i(t)$$
$$T\dot{x}_i(t) + x_i(t) = v_i(t)$$
$$a_0\dot{x}_i(t) + a_1 x_i(t) = v_i(t)$$
$$x_i(t) = v_i(t-T)$$

第一、二和三种的形式就是第四种形式的特殊情况。

也有用离散时间的动态系统,例如

$$a_0 x_i(t+1) + a_1 x_i(t) = v_i(t)$$

这里 t 是整时间指数。

(3) 静态非线性函数。静态非线性函数 $g(\cdot)$ 可从线性动态系统输出 x_i 给出模型的输出

$$y_i = g(x_i)$$

常用的非线性函数的数学表示及其形状见表 3.1。

表 3.1 非线性函数的数学表示及其形状

名称	特征	公式	图形
阈值	不可微,类阶跃,正	$g(x) = \begin{cases} 1 & x > 0 \\ 0 & x \leqslant 0 \end{cases}$	
阈值	不可微,类阶跃,零均	$g(x) = \begin{cases} 1 & x > 0 \\ -1 & x \leqslant 0 \end{cases}$	
sigmoid	可微,类阶跃,正	$g(x) = \dfrac{1}{1+e^{-x}}$	
双曲正切	可微,类阶跃,零均	$g(x) = \tanh(x)$	
高斯	可微,类脉冲	$g(x) = e^{-(x^2/\sigma^2)}$	

表 3.1 中所列的非线性函数之间存在密切的关系。可以看到,sigmoid

函数和 tanh 函数是相似的,前者范围为 0 到 1;而后者范围从 -1 到 +1。阈值函数也可看成 sigmoid 和 tanh 函数高增益的极限。类脉冲函数可以从可微的类阶跃函数中产生,反之亦然。

大家知道,处在不同部位上的神经元往往各有不同的特性,譬如眼睛原动系统具有 sigmoid 特性;而在视觉区具有高斯特性。应按照不同的情况,建立不同的合适模型。还有一些非线性函数,如对数、指数,也很有用,但还没有建立它们生物学方面的基础。

3.1.3 神经网络的结构

如果将大量功能简单的基本神经元通过一定的拓扑结构组织起来,构成群体并行分布式处理的计算结构,那么这种结构就是神经网络结构。根据神经元之间连接的拓扑结构上的不同,可将神经网络结构分为两大类:层状结构和网络结构。层状结构的神经网络是由若干层组成,每层中有一定数量的神经元,相邻层中神经元单向连接,一般同层内的神经元不能连接;网状结构的神经网络中,任何两个神经元之间都可能双向连接。下面介绍几种常见的网络结构。

(1) 前向网络(前馈网络)。前馈型神经网络中,各神经元接受前一层的输入,并输出给下一层,没有反馈。前向网络通常包含许多层,如图 3.4 所示为含有输入层、隐含层和输出层的三层网络,该网络中有计算功能的节点称为计算单元,而输入节点无计算功能。后面着重介绍的 BP 神经网络就是一种前馈型神经网络。

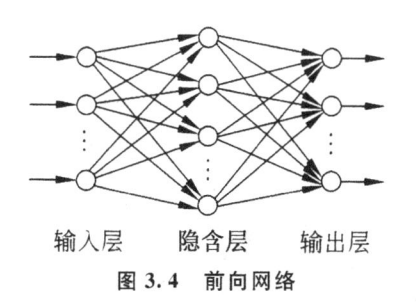

图 3.4 前向网络

(2) 反馈网络。在反馈型神经网络中,存在一些神经元的输出经过若干个神经元后,再反馈到这些神经元的输入端。反馈网络从输出层到输入层有反馈,既可接收来自其他节点的反馈输入,又可包含输出引回到本身输入构成的自环反馈,如图 3.5 所示,该反馈网络每个节点都是一个计算单元。

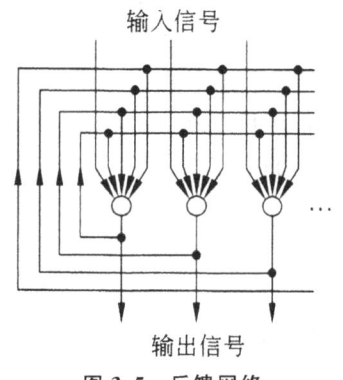

图 3.5　反馈网络

（3）相互结合型网络。如图 3.6 所示，它属于网状结构，构成网络中的各个神经元都可能相互双向连接。

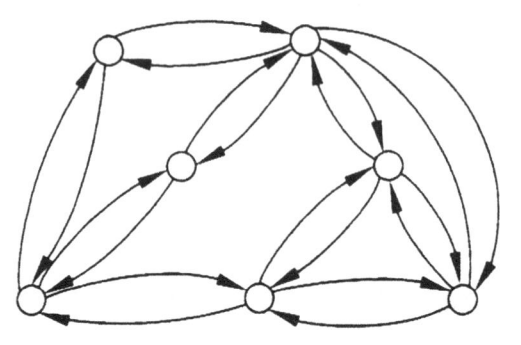

图 3.6　相互结合型网络

（4）混合型网络。在前向网络的同一层神经元之间有互联的结构，称为混合型网络，如图 3.7 所示。这种在同一层内的互连，目的是限制同层内神经元同时兴奋或抑制的神经元数目，以完成特定的功能。

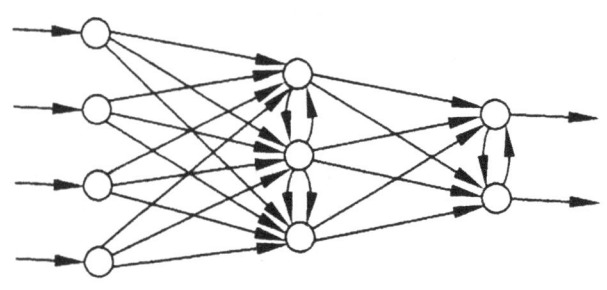

图 3.7　混合型网络

3.1.4 神经网络的工作原理

众所周知,通过确定适当的控制量输入而获得人们所想要的输出结果,这是控制系统的根本目的所在。如图 3.8(a)所示,给出了一个简单的反馈控制系统的原理示意图。关于这个反馈控制系统,不是我们要讨论的重点。我们所关心的问题是,在图 3.8(a)所示的控制系统中,将其控制器用神经网络控制器替代,不仅可以同样地完成控制任务,而且可以获得更好的控制效果。接下来,我们就来讨论神经网络的工作原理。设控制系统的输入为 u,输出为 y,u 与 y 满足非线性关系,也就是说 y 是 u 的非线性函数,即

$$y = g(u) \tag{3-1}$$

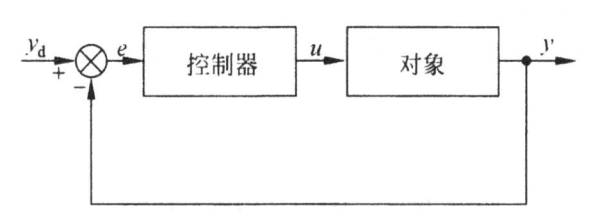

(a) 简单的反馈控制系统原理示意图

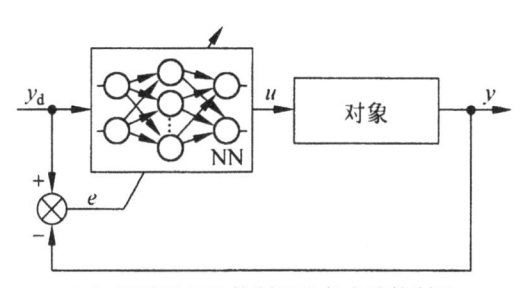

(b) 用神经网络控制器取代上述控制器

图 3.8 反馈控制与神经控制的对比

假设我们期望得到的系统输出为 y_d,那么,确定最佳的输入量 u,使得 $y=y_d$,就是系统控制的目的所在。在基于神经网络的智能控制系统中,神经网络需要实现从输入到输出的某种映射功能。换句话说,神经网络就是就是要实现某类特定的函数变换规则,使得人们可以在向神经网络的智能控制系统输入某一量 u 的情况下,获得与期望输出 y_d 相吻合的结果。设

$$u = f(y_d) \tag{3-2}$$

为了使得 $y=y_d$,我们把式(3-2)代入式(3-1)中,则有

$$y = g[f(y_d)] \tag{3-3}$$

容易发现,如果 $f(\cdot) = g^{-1}(\cdot)$,便可实现 $y = y_d$。

实践经验表明,当采用神经网络控制时,通常被控对象不仅十分复杂,而且具有十分显著的不确定性,故而要想建立式(3-3)中的非线性函数 $g(\cdot)$,是一项十分困难的工作。事实上,能够逼近非线性函数,这是神经网络最显著的能力之一,利用神经网络的这一功能便可以模拟 $g(\cdot)$。

模拟得到的 $g(\cdot)$,其具体形式一般都是未知的,但是,人们可以利用神经网络的学习算法来逐步减小 y 与 y_d 之间的误差,使得模拟结果逐步逼近 $g^{-1}(\cdot)$。具体做法是,对神经网络连接权值进行适当的调整,使得

$$e = y_d - y \to 0$$

通过以上事实可以看出,逐步逼近 $g^{-1}(\cdot)$ 是一种对被控对象求逆的过程。

基于神经网络智能控制的种类很多,目前最常见的类型有神经网络直接反馈控制、神经网络专家系统控制、神经网络模糊逻辑控制和神经网络滑模控制等。

3.2　BP 神经网络

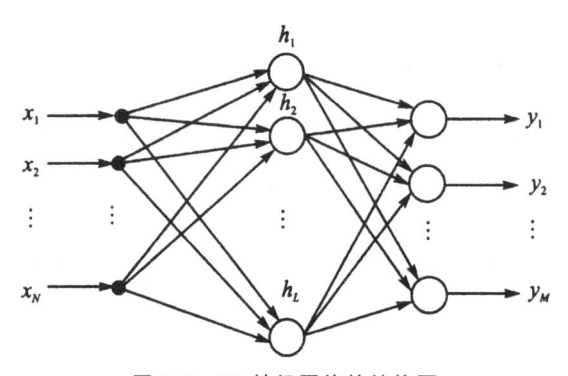

3.2.1　BP 神经网络的结构

BP 神经网络由输入层、输出层和隐含层组成。其中,隐含层可以为一层或多层。图 3.9 所示,是含有一层隐含层 BP 神经网络的典型结构。BP 神经网络在结构上类似于多层感知机,但两者侧重点不同。

图 3.9　BP 神经网络的结构图

3.2.2 BP 学习算法

BP 学习算法的基本思想是，通过一定的算法调整网络的权值，使网络的实际输出尽可能接近期望的输出。在 BP 神经网络中采用误差反传（BP）算法来调整权值。

假设有 m 个样本 $(\hat{X}_h, \hat{Y}_h)(h=1,2,\cdots,m)$，将第 h 个样本的 $\hat{X}_h$ 输入网络，得到的网络输出为 Y_h，则定义网络训练的目标函数为

$$J = \frac{1}{2}\sum_{h=1}^{m}\|\hat{Y}_h - Y_h\|^2$$

网络训练的目标是使 J 最小，其网络权值 BP 训练算法可描述为

$$\omega(t+1) = \omega(t) - \eta\frac{\partial J}{\partial \omega(t)}$$

式中：η 为学习率。针对 $\omega_{jk}^{(2)}$ 和 $\omega_{ij}^{(1)}$ 的具体情况，训练算法可分别描述为

$$\omega_{jk}^{(2)}(t+1) = \omega_{jk}^{(2)}(t) - \eta_1\frac{\partial J}{\partial \omega_{jk}^{(2)}(t)}, \omega_{ij}^{(1)}(t+1)$$

$$= \omega_{ij}^{(1)}(t) - \eta_2\frac{\partial J}{\partial \omega_{ij}^{(1)}(t)}$$

令 $J = \frac{1}{2}\|\hat{Y}_h - Y_h\|^2$，则

$$\frac{\partial J}{\partial \omega} = \sum_{h=1}^{m}\frac{\partial J_h}{\partial \omega}, \frac{\partial J_h}{\partial \omega_{jk}^{(2)}}$$

$$= \frac{\partial J_h}{\partial Y_{hk}}\frac{\partial Y_{hk}}{\partial \omega_{jk}^{(2)}}$$

$$= -(\hat{Y}_{hk} - Y_{hk})\mathrm{Out}_j^{(2)}$$

式中：Y_{hk} 和 $\hat{Y}_{hk}$ 分别为第 h 组样本的网络输出和样本输出的第 k 个分量。而且有

$$\frac{\partial J_h}{\partial \omega_{ij}^{(1)}} = \sum_k\frac{\partial J_h}{\partial Y_{hk}}\frac{\partial Y_{hk}}{\partial \mathrm{Out}_j^{(2)}}\frac{\mathrm{Out}_j^{(2)}}{\partial In_j^{(2)}}\frac{\partial In_j^{(2)}}{\partial \omega_{ij}^{(1)}}$$

$$= -\sum_k(\hat{Y}_{hk} - Y_{hk})\omega_{jk}^{(2)}\phi'\mathrm{Out}_i^{(1)}$$

上述训练算法可以总结如下：

（1）依次取第 h 组样本 $(\hat{X}_h, \hat{Y}_h)(h=1,2,\cdots,m)$，将 $\hat{X}_h$ 输入网络，得到网络输入 Y_h。

（2）计算 $J = \frac{1}{2}\sum_{h=1}^{m}\|\hat{Y}_h - Y_h\|^2$，如果 $J < \varepsilon$，退出训练；否则，进行下一步。

(3) 计算 $\frac{\partial J_h}{\partial \omega}(h=1,2,\cdots,m)$。

(4) 计算 $\frac{\partial J}{\partial \omega} = \sum_{h=1}^{m} \frac{\partial J_h}{\partial \omega}$。

(5) $\omega(t+1) = \omega(t) - \eta \frac{\partial J}{\partial \omega(t)}$，修正权值，返回(1)。

BP 学习算法的程序框图如图 3.10 所示。

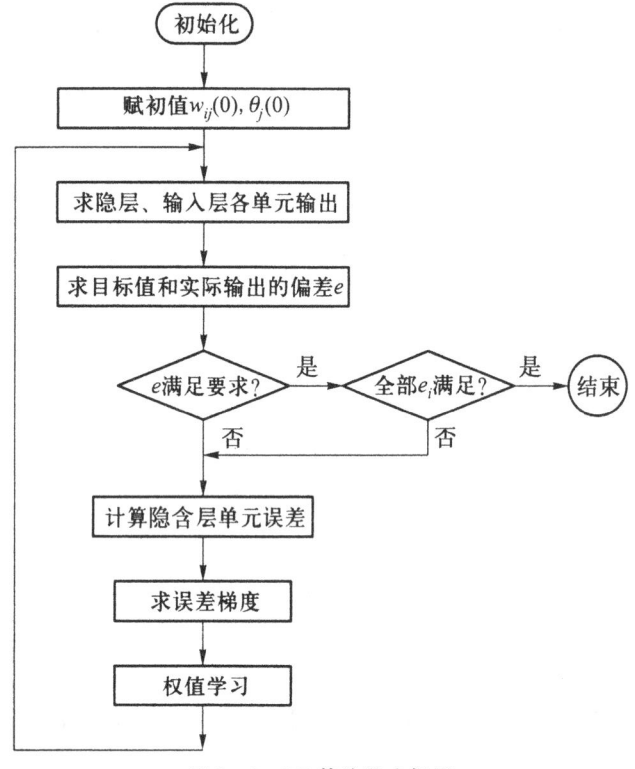

图 3.10 BP 算法程序框图

在 BP 算法实现时，还要注意训练数据预处理及后处理过程中的一些问题，另外还要注意初始权值的影响及设置。

3.2.3 BP 神经网络的应用

以 BP 神经网络在冰柜温度控制中的设计与应用为例进行说明。

冰柜温度智能控制系统要实现的目标是，使得冰柜温度能够抵抗外界环境的影响，从而在人们所期望的范围内保持稳定。为了达到这个目的，可以利用人工神经网络技术实现冰柜温度的智能控制。该系统以事先经过训练的多层前馈神经网络为核心,动态地调整冰柜内部的温度,使其适应外界环境和各种不可观测的噪声干扰,自动地使温度维持在期望的范围内。

3.2.3.1 系统组成及工作原理

图 3.11 给出了冰柜温度智能控制系统的基本组成示意图,图中的神经网络 NN 是三层感知器,在系统中起着智能控制器的作用。

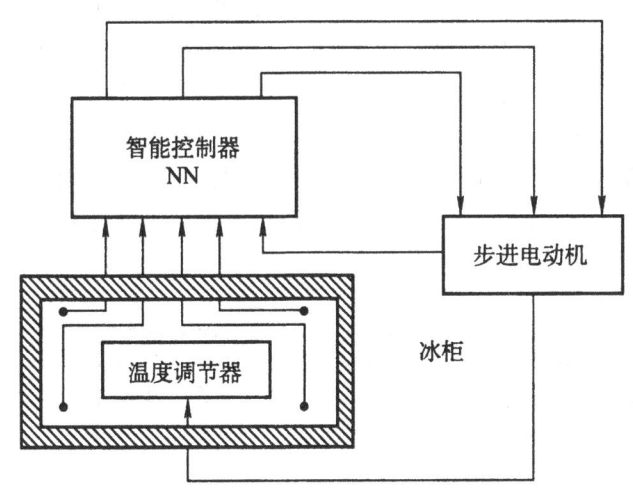

图 3.11 冰柜温度智能控制系统的组成

在系统投入使用之前,必须对系统进行一定的"培训",使之具有完成指定任务所必需的控制知识和策略。具体的"培训"手段则是制定有效的训练算法,精选必要的训练集数据,然后对系统进行离线训练。当然,要实现这一过程和神经网络的自学习、自适应功能是分不开的。训练后的网络连接到系统后,当冰柜内部温度由于各种热噪声、冰柜门开启等原因发生变化时,传感器及时检测出这些变化量传送给 NN,NN 根据训练期间学习到的有关控制知识及策略(分布存储于网络的所有连接权值中),判断在当前情况下温度的变化对冰柜总体温度的影响,确定为了维持所期望的温度范围应该输出的温度调整量,温度调整信息通过步进电动机及温度调节器对冰柜的温度进行实时控制。

3.2.3.2 人工神经网络的训练

为使神经网络能够起到智能控制器的作用,需先对其进行训练。即按照某种训练算法逐步调整神经元的阈值及神经元之间的连接权重值,使得神经网络的输入输出关系满足实际问题的需要。由于神经网络是通过学习得到训练样本中内含的特征规律及输入输出样本对之间的非线性映射关系,并通过神经元及连接权重值记忆这种映射关系,因而可以用神经网络实现那些难以用数学模型表示的复杂非线性映射关系。

系统中采用 BP 算法神经网络。训练样本由一系列输入输出模式对 (X,d) 组成。X 为对神经网络的输入向量,d 为在 X 作用下对神经网络的期望输出向量。通过不断比较实际输出向量 O 与期望输出向量 d,反复修正有关的权重,逐渐使网络取得经验、减少误差,最终掌握隐含在样本中的知识。训练数据的质量直接影响训练以后神经网络的性能,为了收集高质量的训练数据,进行了由领域专家精心操作的冰柜温度手控实验,得到 12741 条实验记录。表 3.2 给出了冰柜手控实验的样本数据记录格式,其中前 5 列给出神经网络的 5 个输入分量,分别为 4 个点的温度变化量和步进电动机的位置值,第 6 列给出步进电动机相应的调整量作为神经网络的期望输出。

表 3.2　冰柜手控实验的样本数据记录格式

位置1温度变化	位置2温度变化	位置3温度变化	位置4温度变化	步进电动机位置	步进电动机调整量
x_1	x_2	x_3	x_4	x_5	d
⋮	⋮	⋮	⋮	⋮	⋮

系统在使用 BP 算法训练神经网络时,初始权重值为范围 $-0.5 \sim 0.5$ 的随机数。

3.2.3.3　性能测试与分析

(1)性能测试。为了评价基于神经网络的冰柜温度控制系统的性能,对系统进行了一系列的测试实验。这里主要讨论智能控制器的两个主要特性,即响应时间和对测试集的正确率,详述如下:①响应时间。响应时间是指从测试信号加到 NN 的输入端到 NN 产生输出之间的时间。该时间主要取决于实现 NN 的计算机系统 CPU 的时钟频率。②对测试集的正确率。为有效地检验训练后的 NN 对测试样本的正确率,共进行了 10 次训练与测试。每次将实验数据分成不相交的两个部分,随机地选出实验记录的约 5% 作为训练集,其余记录作为测试集。测试时每次先用训练样本集的 637

个数据对训练 NNP，然后用测试样本集的 12104 个数据测试训练后的 NN。若 NN 对测试样本的实际输出值与期望输出值的误差小于 0.5，则认为响应正确。10 次测试的正确率为 95.31%～98.11%，平均正确率达 97.76%。

（2）结果分析。实验共得到 12741 条记录，其中有 12095 条记录中的步进电动机调整量为 0，约占总数的 95%，其余 646 条记录的步进电动机调整量为－150～＋160，由于步进电动机调整量为 0 的记录在总记录中占绝对多数，因此在随机选取的训练样本中也应占绝对多数，于是 NN 学习这种记录的机会比学习其他种类记录的机会多。测试结果也表明，NN 对步进电动机调整量为 0 的测试样本均未产生错误输出，对这类样本的正确率显然比对其他测试样本的正确率高。

为了减少训练时间，训练集样本仅为总记录数的 5%，如果选用较多的训练样本，测试的正确率应有所提高。

3.3　RBF 神经网络

前向网络的 BP 算法可以看作递归技术的应用，属于统计学中的随机逼近方法。此外，还可以把神经网络学习算法的设计看作是一个高维空间的曲线拟合问题。这样，学习等价于寻找最佳拟合数据的曲面，而泛化等价于利用该曲面对测试数据进行插值。1985 年，Powell 首先提出了实多变量插值的径向基函数（RBF）方法。1988 年，Broombead 和 Lowe 将 RBF 用于神经网络设计，而 Moody 和 Darken 提出了具有代表性的 RBF 网络学习算法。

3.3.1　RBF 神经网络模型

如图 3.12 所示，给出了一个三层结构的 RBF 网络模型，包括输入层、隐含层（径向基层）和输出层（线性层），其中每一层的作用各不相同。输入层由信号源节点组成，仅起到传入信号到隐含层的作用，可将输入层和隐含层之间看作连接权值为 1 的连接；隐含层通过非线性优化策略对激活函数的参数进行调整，完成从输入层到隐含层的非线性变换；输出层采用线性优化策略对线性权值进行调整，完成对输入层激活信号的响应。

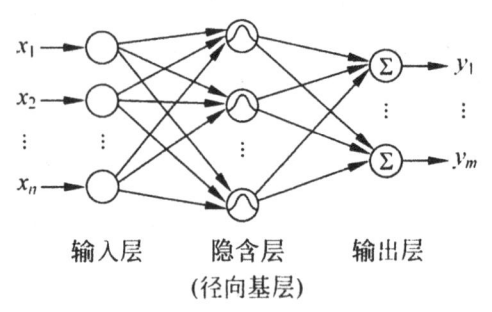

图 3.12 RBF 网络的三层结构

3.3.2 RBF 网络的工作原理及特点

RBF 网络隐含层的每个神经元实现一个径向基函数(RBF),这些函数称为核函数,通常为高斯型核函数。当输入向量加到输入端时,隐含层每一个单元都输出一个值,代表输入向量与基函数中心的接近程度。隐含层的各神经元在输入向量与 RBF 的中心向量接近时有较大的反应,也就是说,各个 RBF 只对特定的输入有反应。

RBF 网络同 BP 网络一样,都能以任意精度逼近任意连续函数。由于 BP 网络的隐含层节点使用的 sigmoid 函数值在输入空间无穷大范围内为非零值,具有全局性。而 RBF 网络隐含层节点使用的高斯函数,使得 RBF 神经网络是一个局部逼近网络。RBF 网络比 BP 网络的学习速度更快,这是因为 BP 网络必须同时学习全部权值,而 RBF 网络一般分两段学习,各自都能实现快速学习。

3.3.3 RBF 网络的学习算法

RBF 网络学习算法需要求解 3 个参数,即基函数中心、宽度和隐含层到输出层的权值。径向基函数通常采用高斯函数,根据对径向基函数中心选取方法的不同,提出了多种 RBF 网络学习算法,其中 Moody 和 Darken 提出的两阶段学习算法较为常用。第一阶段为非监督学习,采用 K-均值聚类法决定隐含层的 RBF 的中心和方差;第二阶段为监督学习,利用最小二乘法计算隐含层到输出层的权值。RBF 神经网络的激活函数通常采用的高斯函数为

$$G_j(x-c_j) = e^{-\frac{1}{2\sigma_j^2}\|x-c_j\|^2}$$

式中:x 是输入向量;c_j 是第 j 个神经元的 RBF 中心向量;σ_j 是第 j 个 RBF

的方差;$\|\cdot\|$表示欧氏范数。RBF 神经网络的输出为

$$y_k(x) = \sum_{j=1}^{J} \omega_{kj} G_j(x - c_j) \quad (j = 1, 2, \cdots, J)$$

实现 RBF 网络学习算法的具体步骤如下:

(1) 随机选取训练样板数据作为聚类中心向量初始化,确定 J 个初始聚类中心向量。

(2) 将输入训练样板数据 x_i 按最邻近聚类原则选择最近的聚类 j^*,且

$$c_{j^*} = \arg\min_j \|x - c_j\|$$

(3) 聚类中心向量更新。若全部聚类中心向量不再发生变化,则所得到的聚类中心即为 RBF 网络最终基函数中心,否则返回(2)。

(4) 采用较小的随机数对隐含层和输出层间的权值初始化。

(5) 利用最小二乘法计算隐含层和输出层之间神经元的连接权值。

(6) 权值更新。首先求出各输出神经元中的误差

$$e_k = d_k - y_k(x)$$

式中:d_k 是输出神经元 k 的期望输出。然后,再更新权值为

$$\omega_{kj}^{\text{new}} = \omega_{kj}^{\text{old}} + \eta e_k G_j(x - c_j)$$

式中:η 是学习率。

(7) 若满足终止条件,结束。否则返回(5)。

3.4 Hopfield 神经网络

美国科学家霍普菲尔德为神经网络引入了能量函数(也称李雅普诺夫函数)的概念,使网络的运行稳定性判断有了可靠而简便的依据。Hopfield 网络在联想存取及优化计算等领域得到了成功的应用,拓宽了神经网络的应用范围。Hopfield 网络及其成功的应用是当前神经网络的研究工作引人注目的原因之一。另外 Hopfield 网络还有一个显著的优点,它与电子电路存在明显的对应关系,使得该网络易于理解和便于实现。

3.4.1 离散型 Hopfield 神经网络

最初提出的 Hopfield 网络是离散型网络,输出只能取 0 或 1,分别表示神经元的抑制和兴奋状态。离散型 Hopfield 神经网络的结构如图 3.13 所示。通过该图容易发现,离散型 Hopfield 神经网络是一个单层网络,其中包含神经元节点的个数为 n。对于每个节点而言,其输出都和其他神经元

的输入相连接,而且其输入又和其他神经元的输出相连接。对于每一个神经元节点,其工作方式仍同之前一样,即

$$\begin{cases} s_i(k) = \sum \omega_{ij}x_j(k) - \theta_i \\ x_i(k+1) = f(s_i(k)) \end{cases}$$

式中:$\omega_{ij} = 0$;θ_i 为阈值;$f(\cdot)$ 是变换函数。对于离散 Hopfield 网络,$f(\cdot)$ 通常为二值函数,1 或 -1,0 或 1。

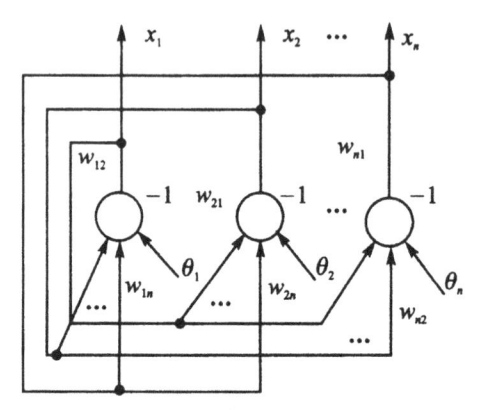

图 3.13 离散型 Hopfield 神经网络结构

一般地,离散型 Hopfield 网络的工作方式有以下两种:

(1) 异步方式。这种工作方式的基本特点是任意时刻都仅有一个神经元改变状态,而网络中的其余神经元均保持原有状态,既不输出也不输入,人们又将该方式称为串行工作方式。在异步方式下,神经元的选择既可以采用随机方式,也可以人为设置预定顺序。例如,当第 i 个神经元处于工作点时,整个网络的状态变化方式为

$$\begin{cases} x_i(k+1) = f\left(\sum_{j=1}^{n}\omega_{ij}x_j(k) - \theta_i\right) \\ x_j(k+1) = x_j(k)(j \neq i) \end{cases}$$

(2) 同步方式。这种工作方式的基本特点是在某一时刻可能有 n_1($0 < n_1 \leqslant n$) 个神经元同时改变状态,而网络中的其余神经元均保持原有状态,既不输出也不输入,人们又将该方式称为并行工作方式。与异步方式相同,神经元的选择既可以采用随机方式,也可以人为设置预定顺序。当 $n_1 = n$ 时,称为全并行方式,此时所有神经元都改变状态,即

$$x_i(k+1) = f\left(\sum_{j=1}^{n}\omega_{ij}x_j(k) - \theta_i\right)(i=1,2,\cdots,n)$$

3.4.2 连续型 Hopfield 神经网络

Hopfield 网络的输出层采用连续函数作为传输函数，称为连续型 Hopfield 网络。连续型 Hopfield 网络的结构和离散型 Hopfield 网络的结构相同。不同之处在于其传输函数不是阶跃函数或符号函数，而是 S 型的连续函数。对于连续型 Hopfield 网络的每一神经元节点，其工作方式为

$$\begin{cases} s_i = \sum_{j=1}^{n} \omega_{ij} x_j - \theta_j \\ \dfrac{\mathrm{d}y_i}{\mathrm{d}t} = -\dfrac{1}{\tau} y_i + s_i \\ x_i = f(y_i) \end{cases}$$

连续型 Hopfield 网络在时间上是连续的，所以网络中各神经元是并行工作的。对连续时间的 Hopfield 网络，反馈的存在使得各神经元的信息综合不仅具有空间综合的特点，而且有时间综合的特点，并使得各神经元的输入输出特性为一动力学系统。当各神经元的激发函数为非线性函数时，整个连续 Hopfield 网络为一个非线性动力学系统。一般地，人们总是倾向于采用非线性微分方程来对连续的非线性动力学系统进行数学描述。如图 3.14 所示，给出了连续型 Hopfield 网络的硬件实现方案，该方案提供的电路可以快速地自动求解前述非线性微分方程，准确率十分可观。

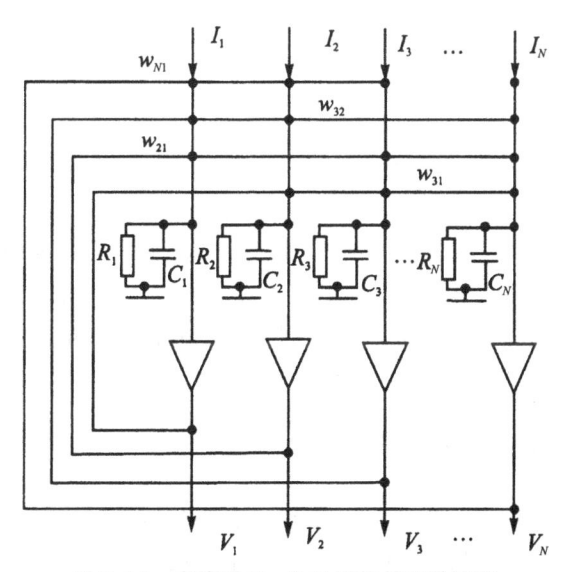

图 3.14 连续型 Hopfield 网络的硬件实现

一般地，若网络的状态 x 满足 $x = f(Wx - \theta)$，则称 x 为网络的吸引子或稳定点。连续型 Hopfield 网络的能量函数可定义为

$$E = -\frac{1}{2}\sum_{i=1}^{n}\sum_{j=1}^{n}\omega_{ij}x_j x_i + \sum_{i=1}^{n}x_i\theta_i + \sum_{i=1}^{n}\frac{1}{\tau_i}\int_0^{x_i}f^{-1}(\eta)\mathrm{d}\eta$$

$$= -\frac{1}{2}x^{\mathrm{T}}Wx + x^{\mathrm{T}}\theta + \sum_{i=1}^{n}\frac{1}{\tau_i}\int_0^{x_i}f^{-1}(\eta)\mathrm{d}\eta$$

因此，可得到能量关于状态 x_i 的偏导为

$$\frac{\partial E}{\partial x_i} = -\sum_{j=1}^{n}\omega_{ij}x_j + \theta_i + \frac{1}{\tau_i}\int_0^{x_i}f^{-1}(x_i)$$

$$= -\sum_{j=1}^{n}\omega_{ij}x_j + \theta_i + \frac{1}{\tau_i}\int_0^{x_i}y_i$$

$$= -\frac{\mathrm{d}y_i}{\mathrm{d}t}$$

进而，可求得能量对时间的导数为

$$\frac{\mathrm{d}E}{\mathrm{d}t} = \sum_{i=1}^{n}\left(-\frac{\mathrm{d}y_i}{\mathrm{d}t}\frac{\mathrm{d}x_i}{\mathrm{d}t}\right)$$

$$= -\sum_{i=1}^{n}\left(\frac{\mathrm{d}y_i}{\mathrm{d}x_i}\frac{\mathrm{d}x_i}{\mathrm{d}t}\frac{\mathrm{d}x_i}{\mathrm{d}t}\right)$$

$$= -\sum_{i=1}^{n}\left[\frac{\mathrm{d}y_i}{\mathrm{d}x_i}\left(\frac{\mathrm{d}x_i}{\mathrm{d}t}\right)^2\right]$$

由于 $x_i = f(y_i)$ 为 S 型函数，属于单调增函数。因此，反函数 $y_i = f^{-1}(x_i)$ 也是单调增函数，可知 $\frac{\mathrm{d}y_i}{\mathrm{d}x_i} > 0, \frac{\mathrm{d}E}{\mathrm{d}t} \leqslant 0$。

3.4.3 随机神经网络

前面讨论的都为确定性的网络，组成它们的神经元均为确定性的，即给定神经元的输入其输出就是确定的。但在生物神经元中由于有各种各样的干扰，这实际上是很难实现的。人工神经元的硬件实现也会有各种扰动，从而带来某些不确定性，因此讨论随机神经元显得必要且必需。

3.4.3.1 玻耳兹曼机

下面主要以玻耳兹曼机为例，介绍随机神经网络。

玻耳兹曼机是离散型 Hopfield 神经网络的一种变形，通过对离散型 Hopfield 神经网络加以扰动，使其以概率的形式表达，而网络的模型方程

不变,只是输出值类似于玻耳兹曼分布,以概率分布取值。玻耳兹曼机是按玻耳兹曼概率分布动作的神经网络。

离散型 Hopfield 神经网络的输出为

$$v_i(k+1) = \text{sgn}\Big(\sum_{\substack{j=1\\j\neq i}}^{N}\omega_{ij}v_j(k) - \theta_i\Big)$$

对于玻耳兹曼机,设内部状态为

$$I_i = \sum_{\substack{j=1\\j\neq i}}^{N}\omega_{ij}v_j(k) - \theta_i$$

神经元 i 输出值为 0 和 1 时的概率分别为 $p_i(0)$ 和 $p_i(1)$,即

$$p_i(1) = \frac{1}{1+e^{-I_i/T}}$$

$$p_i(0) = 1 - p_i(1)$$

式中:T 为类似温度的扰动。从该式可见,当 T 较大时,$p_i(0)$ 和 $p_i(1)$ 几乎相等;当 T 较小时,两概率值将由系统内部状态决定。因此,在系统运行时,先将 T 置于较大值以使系统能够跃过能量较大的状态来避免陷入局部极小,然后将 T 值逐渐减小,从而使系统最终收敛到全局能量最小的状态。这与模拟退火算法的机制几乎一样。应用模拟退火算法的 Hopfield 神经网络,实际上就是一种最基本能玻耳兹曼机。I_i 越大,$p_i(1)$ 越大,即神经元变为 1 的可能性越大。

设神经网络由 N 个神经元构成,每个神经元服从二态规律,即只取 0,1 两种状态,且假定神经元之间的连接权矩阵是对称的。在网络中,当神经元的输入加权和发生变化时,将引起神经元状态的更新,这种更新在各个神经元之间是非同步的,可用概率分析方法描述。设 $\Delta E_i = E(v_i=0) - E(v_i=1)$,那么,神经元状态 v_i 为 1 的概率 p_i 服从玻耳兹曼分布。

与 HNN 相类似,玻耳兹曼的能量函数定义为

$$E = -\frac{1}{2}\sum_i\sum_{j\neq i}w_{ij}v_iv_j + \sum_i v_i\theta_i$$

式中:v_i 和 θ_i 分别是神经元 i 的状态和阈值;w_{ij} 为连接权。首先按下式计算神经元 i 状态转换网络能量的变化

$$\Delta E_i = \sum_j w_{ij}v_j - \theta_i$$

然后,依据 ΔE_i 的大小,将神经元 i 以概率

$$p_i = \frac{1}{1+\exp\left(-\dfrac{\Delta E_i}{T}\right)}$$

改变为状态"1"。式中,T 为温度。此式表明:在很高的温度下($T\gg1$),p_i 将接近于 0.5,神经元行为具有随机性;在同一温度下,ΔE_i 较大时,状态为"1"的概率增大;在温度很低时,随机性将趋于消失,此时玻耳兹曼机性能与确定性网络相同。

3.4.3.2 模拟退火算法

1953 年,密特罗珀利斯(N. Metropolis)等提出了模拟退火算法,其基本思想是把某类优化问题的求解过程与统计热力学中的热平衡问题进行对比,试图通过模拟高温物体退火过程的方法,来找到优化问题的全局最优或近似全局最优解。

下面结合一个抽象化的组合优化问题来说明模拟退火算法。设 $V = \{V_1, V_2, \cdots, V_P\}$ 为所有可能的组合状态构成的集合。试在其中找出对某一目标函数 $C, C(V_i) \geqslant 0, i \in \{1, 2, \cdots, P\}$,具有最小代价的解,及找出 $V^* \in V$,使 $C(V^*) = \min C(V_i), i \in \{1, 2, \cdots, P\}$。为解决最优化问题,引用人工温度 T。求解本问题的模拟算法为模拟退火算法。

算法 3.1 模拟退火算法

(1) 设定初始温度 $T(0) = T_0$,迭代次数(或称时间)$t = 0$,任选一初始状态 $V(0) \in V$ 作为当前解。

(2) 设置温度 $T = T(t)$,状态 $\bar{V}(0) = V(t)$。

(2.1) 设置抽样次数 $k = 0$。

(2.2) 按某一规则由当前状态 $\bar{V}(k)$ 产生当前状态的下一次候选状态 $\overline{V'}$ ($\overline{V'}$ 为 $\bar{V}(k)$ 的近邻),$\overline{V'} = f_1(\bar{V}(k))$,其中 f_1 为某一随机函数。

(2.3) 计算目标代价变化。$\Delta C = C(\overline{V'}) - C(\bar{V}(k))$。若 $\Delta C < 0$,则接受 $\overline{V'}$,即置 $\bar{V}(t+1) = \overline{V'}$。否则,考虑当前温度下的状态活动概率 $P(\Delta C) = \exp(-\Delta C / T)$,若 $P(\Delta C) \geqslant \lambda$,则接受 V'。否则不接受 $\overline{V'}$,即置 $\bar{V}(k+1) = \bar{V}(k)$。上面 λ 为预先指定的正数(或随机产生),$0 < \lambda < 1$。

(2.4) 置 $k = k + 1$,按某种收敛标准判断抽样过程是否应该结束。若不满足结束标准,则转至步骤(2.2)。

(3) 置 $V(k+1) = \bar{V}(k)$,且按某种策略对 T 更新(降温),即
$$T(t+1) = f_2(T(t))$$

同时,置 $t = t + 1$。其中 f_2 为单调下降函数。

(4) 按某种标准判断退火过程是否应该结束。若不满足结束条件则转步骤(2.2)。

(5) 输出状态 $V(t)$ 作为问题的解。

由上面的算法可以看出,在某一温度下,对于整个抽样搜索过程,求解序列为 $\bar{V}(0),\bar{V}(1),\cdots,\bar{V}(k)$。其中 $\bar{V}(k)$ 为最小值。然后降低温度,并令 $V(t+1)=\bar{V}(k)$ 作初始点,重新开始搜索,得到新的序列。尽管从理论上来讲,若初始温度 T_0 充分高,T 的下降过程充分慢,每种温度 T 下的抽样数量充分大,那么当 $T\to 0$ 时,最后的当前解 $V(t)$ 将以概率 P 趋于最优解。实际上,上面假设在模拟中很难实现,这样也就难以保证退火算法百分之百地找到最优解。

一种合理的解决办法是考虑上述序列式。在温度 $T(t)$ 下,该式同时作为搜索过程的控制序列,也作为求解过程的求解序列。在此,把该式仍作为状态转移的控制搜索序列,而重新定义状态 $\bar{u}(0)$ 为

$$\bar{u}(0)=\bar{V}(0)$$

$$\bar{u}(i)=\begin{cases}\bar{V}(i),C(\bar{V}(i))<C(\bar{V}(i-1))\\ \bar{V}(i-1),C(\bar{V}(i))\geqslant C(\bar{V}(i-1))\end{cases}$$

由此,在温度下求解的序列为 $\bar{u}(0),\bar{u}(1),\cdots,\bar{u}(i),\cdots,\bar{u}(k)$,而其对应的代价序列为 $C(\bar{u}(0)),C(\bar{u}(1)),\cdots,C(\bar{u}(i)),\cdots,C(\bar{u}(k))$,为单调下降序列。这样就可使模拟退火的可能性得到改进,保证得到的解为所搜索过的所有解中最优解。另外,为了降低模拟退火的时间,在某一温度 $T(t)$ 时,若从某一个 i 起有

$$\bar{u}(i)=\bar{u}(i+1)=\cdots=\bar{u}(i+q_1)$$

则可定义 $q_{1\max}$,当 $q_1>q_{1\max}$ 时,认为再如此抽样下去无实际意义,可停止在 $T(t)$ 下的抽样。

同样假设在 $T(t)$ 下得到最优解 $\bar{V}(t)=\bar{u}(k)$,而从 t 开始有

$$V(t)=V(t+1)=\cdots=V(t+q_2)$$

则可定义 $q_{2\max}$,当 $q_2>q_{2\max}$ 时,认为再继续降低温度没有什么意义,可停止模拟退火过程。

3.4.4　Hopfield 神经网络的应用

Hopfield 神经网络的许多应用都是利用 Hopfield 神经网络能够收敛到它的一个稳定状态这个特性。例如,利用 Hopfield 神经网络的稳定状态能够实现联想记忆、优化等应用。下面简单介绍基于 Hopfield 神经网络的联想记忆方法。

实现 Hopfield 神经网络联想记忆的关键是网络到达记忆样本能量函数极小点时,决定网络的神经元间连接权值和阈值等参数。下面介绍按照

Hebb 学习规则设计 Hopfield 神经网络的连接权值。

设给定 m 个样本 $x^{(k)}(k=1,2,\cdots,m)$,$x_i^{(k)}$ 表示第 k 个样本中的第 i 个元素。记 w_{ij} 是神经元 i 到神经元 j 的权值。

当神经元输出 $x_i \in \{-1,+1\}$ 时,

$$w_{ij} = \begin{cases} \sum_{k=1}^{m} x_i^{(k)} x_j^{(k)}, i \neq j \\ 0, i = j \end{cases}$$

或者

$$w_{ij}(k) = w_{ij}(k-1) + x_i^{(k)} x_j^{(k)} \quad (k=1,2,\cdots,m)$$
$$w_{ij}(0) = 0, w_{ii} = 0$$

当神经元输出 $x_i \in \{0,1\}$ 时,

$$w_{ij} = \begin{cases} \sum_{k=1}^{m} (2x_i^{(k)} - 1)(2x_j^{(k)} - 1), i \neq j \\ 0, i = j \end{cases}$$

或者

$$w_{ij}(k) = w_{ij}(k-1) + (2x_i^{(k)} - 1)(2x_j^{(k)} - 1) \quad (k=1,2,\cdots,m)$$
$$w_{ij}(0) = 0, w_{ii} = 0$$

显然,按照上面公式设计的网络连接权值满足对称条件。可以证明,按照上面公式设计网络连接权值时,Hopfield 神经网络的稳定状态是给定样本。

依据上述算法的联想记忆功能,可用于模式识别。但当样本多且彼此相近时,容易引起混淆。在网络结构与参数一定的条件下,要保证联想功能的正确实现,网络所能存储的最大的样本数,称为网络的记忆容量。网络的记忆容量不仅与神经元个数有关,还与连接权值的设计、要求的联想范围大小、样本的性质等有关。当网络要求存储的样本模式是两两正交时,可以有最大的记忆容量。

例 3.1 设计基于 Hopfield 神经网络的分类器。

当人看见苹果和橘子的时候,虽然和以前见过的不完全一样,但通过自联想能力仍然能够识别。利用 Hopfield 神经网络的联想特性,能够设计苹果和橘子的分类器,如图 3.15 所示。输送带将苹果和橘子传送给外形、质地、质量三个传感器检测,Hopfield 神经网络根据传感器检测结果识别,如果识别结果是苹果,则执行器就将其放进苹果筐,否则放进橘子筐。

检测结果为 1 或者 0,其意义见表 3.3。

第 3 章 神经网络

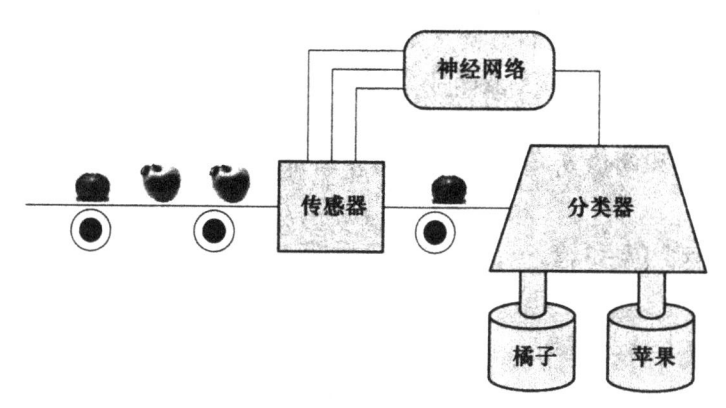

图 3.15 基于 Hopfield 神经网络的分类器传感器

表 3.3 分类特征编码

分类特征	1	0
外形	圆	椭圆
质地	光滑	粗糙
质量	小于 300g	大于 300g

三个传感器输出表示为[外形 质地 质量],则标准橘子表示为:$x^{(1)} = [1,0,1]^T$。标准苹果表示为:$x^{(2)} = [0,1,0]^T$。

(1) 设计 DHNN 结构。设计有 3 个神经元的 Hopfield 神经网络如图 3.16 所示。3 个神经元的阈值都为 0。

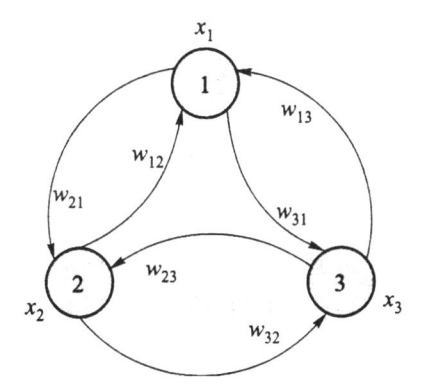

图 3.16 3 个神经元的 Hopfield 神经网络

(2) 设计连接权矩阵。

$$w_{ij} = \begin{cases} \sum_{k=1}^{2}(2x_i^{(k)}-1)(2x_j^{(k)}-1), i \neq j \\ 0, i = j \end{cases}$$

$$w_{ji} = w_{ij}(i=1,2,\cdots,n;j=1,2,\cdots,n)$$

$$w_{12} = (2\times1-1)\times(2\times0-1)+(2\times0-1)\times(2\times1-1)$$
$$=-1-1=-2$$

$$w_{21} = w_{12} = -2$$

$$W = \begin{bmatrix} 0 & -2 & 2 \\ -2 & 0 & -2 \\ 2 & -2 & 0 \end{bmatrix}$$

(3) 测试。测试用例：$[1,1,1]^T$，取初始状态：$v_1(0)=1, v_2(0)=1, v_3(0)=1$。神经元状态调整次序取为：2→1→3。当 $k=1$ 时，

$$v_2(1) = f\left(\sum_{j=1}^{3}w_{2j}v_j(0)\right)$$
$$= f((-2)\times1+0\times1+(-2)\times1)$$
$$= f(-4)$$
$$= 0$$

$$v_1(2) = f\left(\sum_{j=1}^{3}w_{1j}v_j(1)\right)$$
$$= f(0\times1+(-2)\times0+2\times1)$$
$$= f(2)$$
$$= 0$$

神经元状态调整为：$v_1(1)=1, v_2(1)=0, v_3(1)=1$。当 $k=2$ 时，

$$v_1(1) = v_1(0) = 1, v_3(1) = v_3(0) = 1$$
$$v_2(2) = v_2(1) = 0, v_3(2) = v_3(1) = 1$$

神经元状态调整为：$v_1(2)=1, v_2(2)=0, v_3(2)=1$。
类似地，有：$v_1(3)=1, v_2(3)=0, v_3(3)=1$。
可见输入 $[1,1,1]^T$，输出 $[1,0,1]^T$。

3.5 模糊神经网络

模糊逻辑比较适合于表达那些模糊或定性的知识，其推理方式也比较类似于人的思维模式，但模糊系统缺乏自学习和自适应能力。因此，若能将

模糊逻辑与神经网络适当地结合起来,吸取两者的长处,则可组成性能更好的模糊神经网络系统。

3.5.1 模糊神经网络的结构

模糊神经网络系统的结构如图 3.17 所示。图 3.17 中,箭头方向表示系统信号的走向,从下到上,表示模糊神经网络训练完成以后的正常信号流向,而从上到下,表示模糊神经网络训练时所需期望输出的反向传播信号流向。

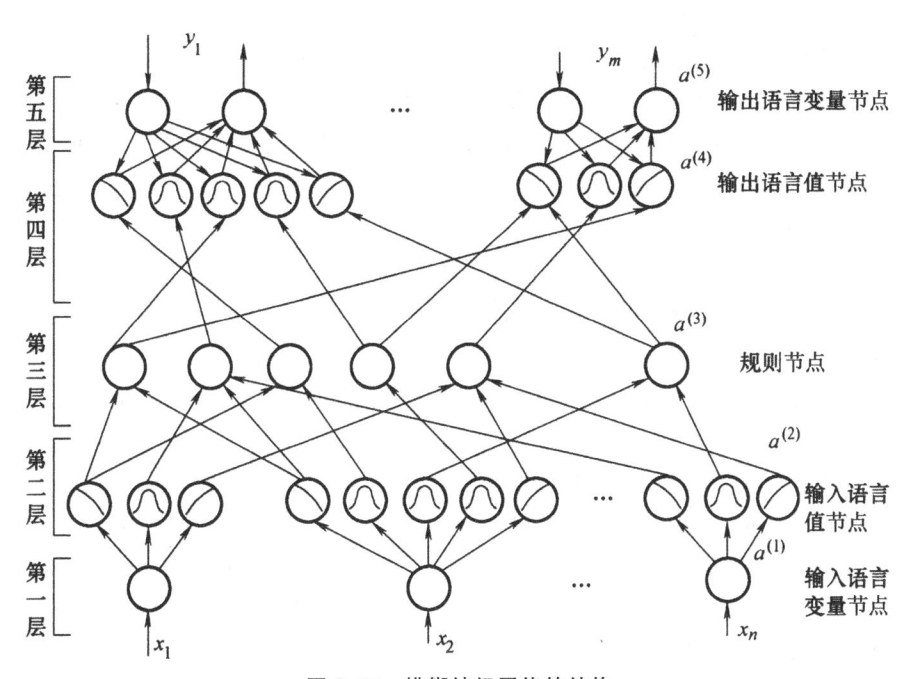

图 3.17 模糊神经网络的结构

典型的神经元函数通常是由一个神经元输入函数和激励函数组合而成的。神经元输入函数的输出是与其相连的有限个其他神经元的输出和相连接系数的函数,通常可表示为

$$\text{Net} = f(u_1^k, u_2^k, \cdots, u_p^k, w_1^k, w_2^k, \cdots, w_p^k)$$

式中:上标 k 表示所在的层次;u_i^k 表示与其相连接的神经元输出;w_i^k 表示相应的连接权系数,$i = 1, 2, \cdots, p$。

神经元的激励函数是神经元输入函数响应 f 的函数,即

$$\text{output} = o_i^k = a(f)$$

式中：$a(\cdot)$ 表示神经元的激励函数。

最常用的神经元输入函数和激励函数是

$$f_j = \sum_{i=1}^{p} w_{ji}^k u_i^k, \quad a_j = \frac{1}{1+e^{-f_j}}$$

但是由于模糊神经网络的特殊性，为了满足模糊化计算、模糊逻辑推理和精确化计算，对每一层的神经元函数应有不同的定义。

第一层：节点只是将输入变量值直接传送到下一层。

第二层：如果采用一个神经元节点而不是一个子网络来实现语言值的隶属度函数变换，则这个节点的输出就可以定义为隶属度函数的输出。

第三层：完成模糊逻辑推理条件部的匹配工作。

第四层：实现信号从上到下及从下到上的传输模式。

第五层：有两类节点，一是执行从上到下的信号传输方式，实现了把训练数据反馈到神经网络中去的目的，提供模糊神经网络训练的样本数据；二是执行从下到上的信号传输方式，最终输出就是此模糊神经网络的模糊推理控制输出。

3.5.2　模糊神经网络的应用

这里以应用模糊神经网络在线检测参数为例介绍模糊神经网络的应用。

直接转矩控制系统（DTC）在低速运行时，电动机定子电阻的变化影响了系统的性能。采用模糊神经网络可以利用神经网络的自组织学习的特点，对隶属函数及模糊规则进行优化学习，能够克服模糊电阻检测器和神经网络电阻检测器各自存在的不足，实现对定子电阻的精确检测，以提高 DTC 系统的低速性能。

根据电动机绕组允许温升，确定定子绕组端部温度变化范围为 $0\sim110℃$，温度变化率的范围为 $-3\sim3℃/\min$。ΔR 的变化范围为 $0\sim2.3\Omega$。为便于处理和训练，将三个量转化为论域为 $[-1\sim+1]$ 的语言变量值。对温度 T 和温度变化率 ΔT 的语言变量各取 7 个模糊子集：

$$T = \Delta T = \{\text{NL NM NS ZO PS PM PL}\}$$

确定各个模糊子集的隶属度函数为均匀分布的铃形函数：

$$\mu(x) = \exp\left(-\frac{(x-c)^2}{\sigma^2}\right)$$

根据以上的模糊模型建立了一个基于标准模型的双输入单输出模糊神经网络。

第一层为输入层。该层结点对应输入变量,为便于计算,将输入量变为 $[-1+1]$ 间的语言量 $X_1 = T = \dfrac{T'-55}{55}; X_2 = \Delta T = \dfrac{\Delta T'}{3}$。

第二层实现输入变量的模糊化,每个节点对应一个语言变量值,如 PL、PM 等。计算各个输入变量属于各个语言变量值模糊集合的隶属度函数为

$$\mu_i^j = \exp\left(-\dfrac{(x_i - c_{ij})^2}{\sigma_{ij}^2}\right) \quad (i=1,2 \quad j=1,\cdots,7)$$

其中:c_{ij} 和 σ_{ij} 分别为隶属度函数的中心和宽度。

第三层的节点代表模糊规则,用来匹配模糊规则的前件,共有 49 条规则,对应 49 个节点。该层各节点的输出为

$$a_j = \mu_1^{i_1} \mu_2^{i_2} \quad (i_1, i_2 = 1,\cdots,7; j=1,\cdots,49)$$

第四层实现归一化计算:

$$\bar{a}_j = a_j \Big/ \sum_{i=1}^{49} a_i \quad (j=1,2,\cdots,49)$$

第五层是输出层。将上层节点输出值取加权和,得到最后一层输出,$y = \sum\limits_{j=1}^{49} \omega_j \bar{a}_j$;这里的 ω_j 相当于输出 y 的第 i 个语言值隶属函数的中心值。至此,基于标准模型的模糊神经网络已经基本建立起来了。

训练样本由实验得到。根据一阶梯度参数调整学习算法对网络的各参数进行学习。训练后的电阻检测器在线检测出定子电阻的变化值,在定子电阻的冷态值基础上进行补偿(电阻冷态值 $R_s = 5.739\Omega$ 是折算到 $0℃$ 温度下的定子电阻值)。

实验采用断电后测量多点的电阻值来推算断电瞬间电阻值的方法。温度测量采用热电偶测温法,用电位差计测量热电偶两端的电势差;利用双臂电桥测量定子绕组的电阻值。首先,让电动机运行一段时间后,测量并记录电位差计的值,10min 后,测量电位差计的值,同时断电,立即测量定子电阻值并记录断电瞬间的时间间隔,随后,每隔十几秒后测量一次电阻值,共测量三组。改变电动机的负载或电源电压或频率,重复以上的步骤,观察温度上升和下降,得到不同温度和温度变化率对应的电阻值。温度的变化率由 $\Delta T' = \dfrac{T'(k+1) - T'(k)}{t}$ 求得,$t = 10\text{min}$。断电瞬间的电阻值由断电后测量的电阻值经过推算获得,该部分可进行编程计算。实验获得 1500 个数据,其中 1000 个作为网络的训练样本,另外的 500 个作为测试数据。

图 3.18 给出利用模糊神经网络检测的定子电阻值的变化曲线(温度变化率分别为 $1.8℃/\text{min}$、$1.2℃/\text{min}$、$0℃/\text{min}$、$-1.8℃/\text{min}$)。该曲线表明

电阻变化值与温度和温度变化率的关系呈非线性,随温度及温度变化率增大而增大。

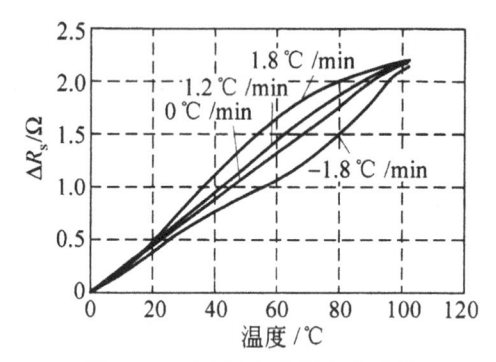

图 3.18　定子电阻值的变化曲线

表 3.4 是经过训练后用于模糊神经网络电阻检测器的检测结果和实验数据的对比(ΔR_s 是实验数据,$\Delta R'_s$ 是检测器检测值)。测试结果表明检测误差在 5% 之内,可见,该检测器能够精确地检测定子电阻。

表 3.4　检测值与实验数据的测试

$T/℃$	$\Delta T'/(℃/min)$	$\Delta R_s/\Omega$	$\Delta R'_s/\Omega$
90	10	2.08	2.112
84	−1.8	1.62	1.682
66	1.0	1.78	1.814
55	0.6	1.32	1.305
36	2.2	1.06	1.095

仿真电动机参数为 $P_N=1.1\text{kW}$,$J=0.0267\text{kg}\cdot\text{m}^2$,$p=2$,$n_p=1500\text{rpm}$,$R_s(冷态)=5.739\Omega$,$R_r=3.421\Omega$,$L_m=0.363\text{H}$,$L_r=L_s=0.386\text{H}$,$T_1=7\text{N}$。仿真是在 Matlab/Simulink 环境下进行的。在仿真过程中,改变电阻值,观察磁链运行轨迹情况。假定定子电阻增加了 40%,当转速为 100rpm,磁链给定 4.5wb 时将定子电阻当作冷态常值和加入定子电阻检测器所得磁链曲线如图 3.19 所示。由图 3.19 看出,在低速时,磁链运行轨迹发生偏移,幅值减小,圆心漂移,磁链的畸变严重,这种情况下,定子电阻的检测变得尤为重要。定子电阻检测器的加入使系统在定子电阻变化时,磁链幅值大小基本保持不变,保持了良好的特性。

图 3.20 是稳态下将定子电阻当作冷态常值和带有定子电阻模糊神经

网络检测器的直接转矩控制系统的两种转矩仿真对比曲线,经比较可清楚地看出,定子电阻模糊神经网络检测器的加入使转矩脉动幅值减小,系统具有更加良好的动态性能。

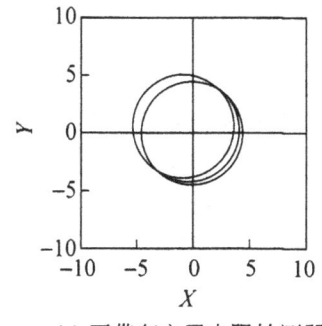

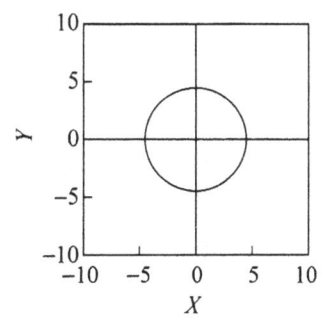

(a) 不带有定子电阻检测器　　(b) 带有定子电阻检测器

图 3.19　磁链仿真曲线

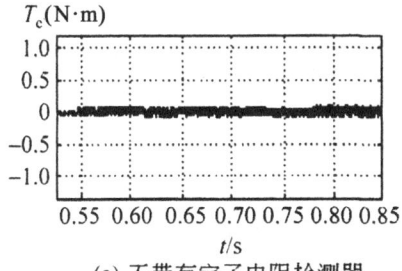

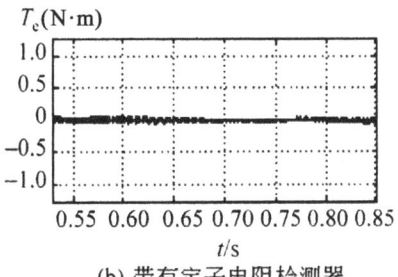

(a) 不带有定子电阻检测器　　(b) 带有定子电阻检测器

图 3.20　两种转矩仿真对比曲线

第4章 深度学习

在大数据时代,更复杂的模型才能充分发掘海量数据中蕴藏的有价值的信息。深度学习通过组合低层特征形成更加抽象的高层属性,以发现数据的分布式特征表示,这使得特征的自动学习得以实现(相对于传统的手工构造特征),极大地推进了人工智能的自动化。简而言之,深度学习提供了一个深度思考的大脑,使大数据得以充分利用。

4.1 概 述

2008年6月,《连线》杂志主编Chris Anderson发表文章,标题是《理论的终极,数据的泛滥将让科学方法过时》,文中引述了经典著作《人工智能的现代方法》作者Peter Norvig(Google研究总监)的一句话:"一切模型都是错的。进而言之,抛弃它们,你就会成功。"其寓意就是说,精巧的算法是没有意义的,面对海量数据,简单算法也能得到出色的结果。与其钻研算法,不如研究云计算,处理大数据。

还有人做了更精辟的总结:在物理学看来,宇宙中只有四种作用力——强相互作用力、弱相互作用力、电磁力、万有引力,甚至理论物理学在发展方向上一直希望将这四种作用力做统一表达,也就是说极其有限的作用力可将多样化的粒子组合起来形成绚丽多姿、无穷无尽的宇宙。如将力视为算法,则粒子就是数据。可见宇宙的本质就是简单的算法作用于海量的数据,得到了无穷无尽的可用结果。

以上言论与思辨如放在2006年以前似乎是无可辩驳的,但随后机器学习领域取得了在深度学习方面的重大突破,使得现在学术界的观点一致认为:要得到出色的结果不仅要依赖于云计算及Hadoop等框架的大数据并行计算,也同样依赖于算法。而这个算法就是"深度学习"。

深度学习的本质是通过构建具有很多隐含层的机器学习模型和海量的训练数据,来自动学习隐藏的有用特征,从而提升分类或预测的自动化与准确性。"深度模型"是手段,"特征学习"是目的。

4.1.1 深度学习的三次兴起

说到深度学习,那么就不得不提神经网络的概念。事实上深度学习中主流的网络结构 DNN、CNN、RNN 都是在基础神经网络上发展衍生出来的。神经网络的发展也经历了数次大起大落:从单层神经网络(感知器)开始,到包括一个隐含层的两层神经网络,再到多个隐含层的深度神经网络,主要经历了三次兴起过程,详见图 4-1 所示。图中的顶点与谷底可以看作神经网络发展的高峰与低谷。横轴是时间,以年为单位,而纵轴是一个神经网络影响力的示意表示。

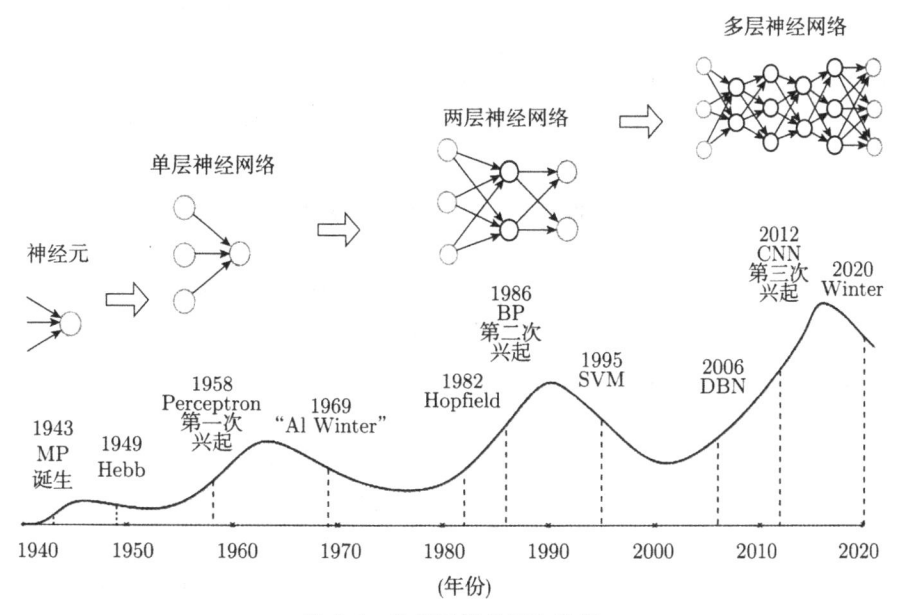

图 4.1 神经网络的三次兴起

神经网络发展的第一次兴起,为感知器模型和人工神经网络的提出。第二次兴起是 Hopfield 网络模型的出现和人工神经网络的复苏。第二轮高潮之后,神经网络的发展就又进入了新的瓶颈期,甚至有段时间影响力还不如支持向量机(SVM)。不过 Hinton 等人于 2006 年提出了深度学习的概念,2009 年 Hinton 把深层神经网络介绍给语音领域的研究者们,2010 年语音识别就取得了巨大突破。2011 年神经网络又被应用在图像识别领域,取得的成绩令人瞩目。2015 年 LeCun、Bengio 和 Hinton 在 *Nature* 刊发了一篇综述,题为 Deep Learning,这标志着深度神经网络不仅在工业界获得成功,而且已真正被学术界所接受。

2016年与2017年应该是深度学习全面爆发的两年,Google推出的AlphaGo和Alpha Zero,经过短暂的学习就完全碾压当今世界排名前三的围棋选手;科大讯飞推出的智能语音系统,识别正确率高达97%以上,该公司也摇身一变成为AI的领跑者;百度推出的无人驾驶系统Apollo也顺利上路完成公测,使得共享汽车离我们越来越近。AI领域取得的种种成就让人类再次认识到神经网络的价值和魅力。

4.1.2 深度学习的优势

目前,深度学习技术已经在许多方面渗透到日常生活当中,比如电子商务网站上的推荐系统、搜索引擎等。此外,被越来越多地应用到智能手机、照相机等消费类产品中,例如,识别图像中的物体,把语音转换成文本、对新闻和商品进行个性化推荐并生成相关的搜索结果等。这些应用的成功大部分得益于近年来深度学习的发展。

与传统的机器学习和模式识别技术相比,深度学习在数据表示方面有很大贡献。在过去,构建模式识别或者机器学习系统需要精心的工程设计和专业的领域知识来设计特征,将原始数据转换成合适的特征表示,输入机器学习系统中。而今,深度学习允许通过多个处理层来学习具有抽象能力的数据表示,所以深度学习拥有更强大的学习能力。图4.2说明了随着网络层数的增添,以及激活函数的调剂,神经网络所能拟合的决策分界平面的能力。从图中可以看出,随着网络层数的增加,其非线性分界拟合能力不断增强(图中的分界线其实不代表真实训练取得的效果,更多的是示意效果)。神经网络的钻研与利用之所以能够不断地蓬勃发展,与其强大的函数拟合能力是密不可分的。固然,仅有强大的内在能力,并不一定能取得胜利。一个胜利的技术与策略,不但需要内因的作用,还需要时势与环境的配合。神经网络发展背后的外在条件可以被总结为:更强的计算能力、更多的数据,以及更好的训练策略。只有满足这些前提,神经网络的函数拟合能力才能得以体现(图4.3)。这些外在条件的进步极大地推进了许多现有领域的发展,比如语音识别、视觉分类、物体检测以及药物发现等。深度学习的灵感来源于脑科学和生物科学,通过反向传播算法来发现大型数据中的复杂结构并更新模型内部参数。目前,深度卷积网络在处理图像、视频、语音等方面都取得了突破。此外,循环神经网络对时序数据,比如文本和语音的处理也取得显著效果。

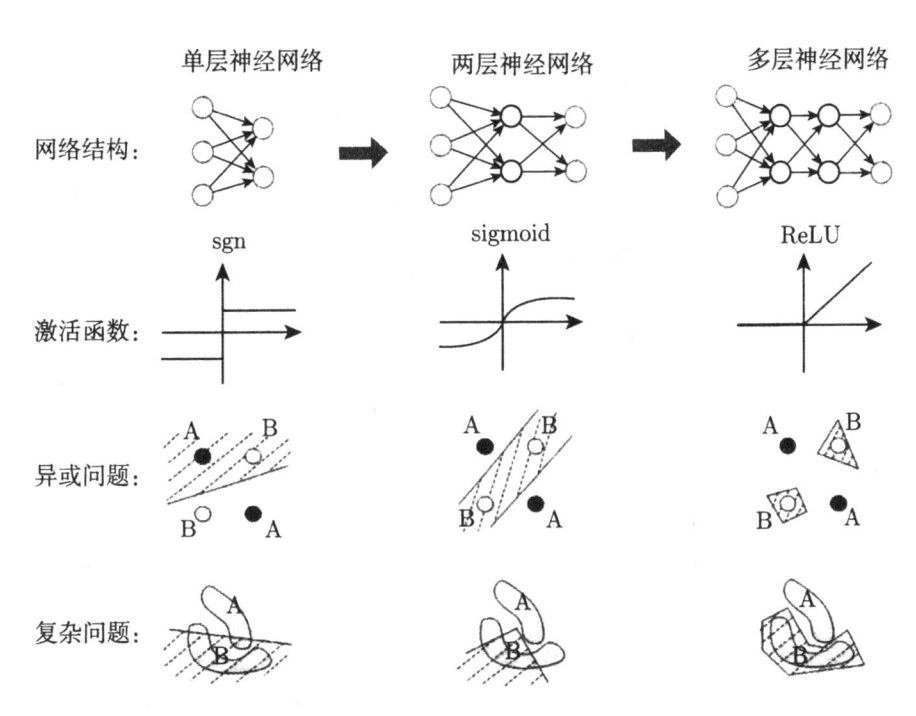

图 4.2 不同层数的神经网络拟合分界面的能力

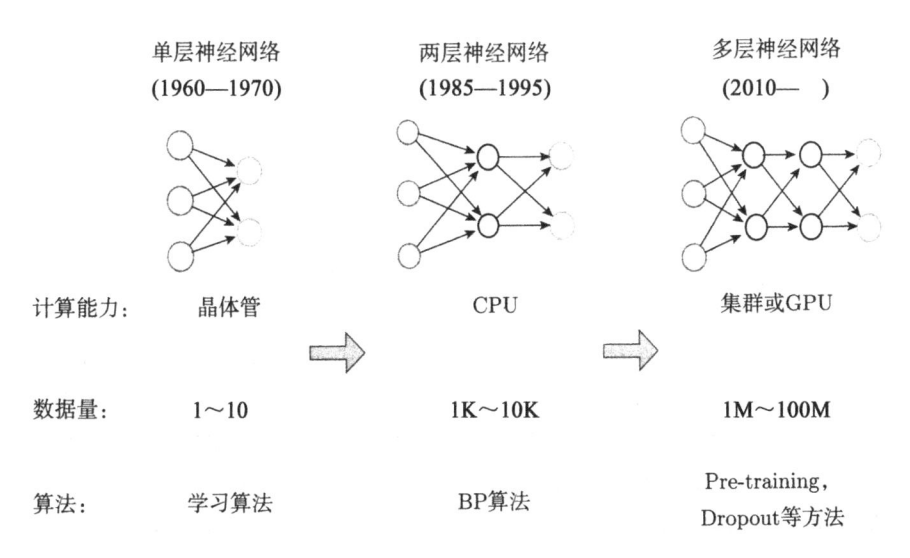

图 4.3 不同层数的神经网络表示能力

4.2 深度学习的过程

4.2.1 正向学习过程

正向学习,通常也叫作正向传播,其过程为:样本数据经输入层传入第一层网络,网络学习到输入数据的自身结构,提取出更有表达力的特征,作为下一层网络的输入。以此类推,逐层向前提取特征,最后得到各层的参数,在输出层输出预测的结果。

正向学习的过程如图4.4所示。

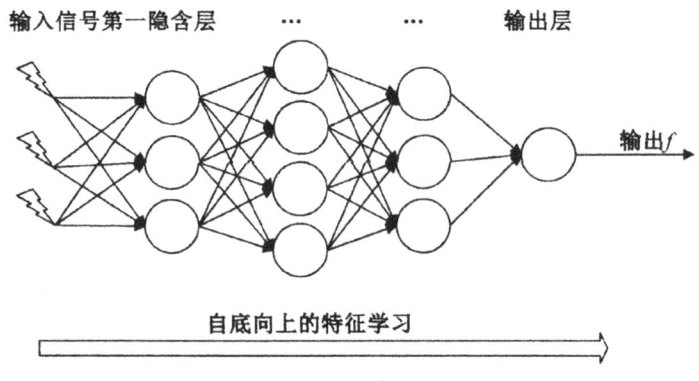

图 4.4 正向学习过程

4.2.1.1 正向传播的流程

可以把深度学习网络看作一个系统,正向传播的过程就相当于系统从输入到输出的过程。

假设系统为 S,如图 4.5 所示,它有 n 层($S_1,\cdots,S_n$),它的输入是 I(Input),输出是 O(Output),形象地表示为:$I \Rightarrow S_1 \Rightarrow S_2 \Rightarrow \cdots \Rightarrow S_n \Rightarrow O$,如果输出 O 等于输入 I,即输入 I 经过这个系统变化之后没有任何的信息损失,保持不变,那么可以认为系统找到了一个规律($S_1 \Rightarrow S_2 \Rightarrow \cdots \Rightarrow S_n$)来正确表达此次传播中的输入信息 I。传播的过程就对应着特征学习的过程,$S_1 \Rightarrow S_2 \Rightarrow \cdots \Rightarrow S_n$ 中的一系列参数,就对应着在深度学习中训练的模型文件,这里将它叫作 model。

第 4 章 深度学习

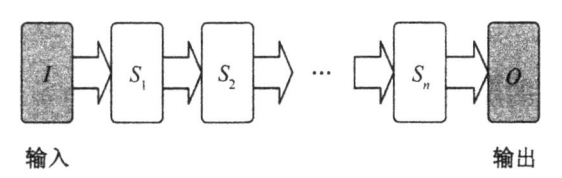

图 4.5 类比网络结构的系统结构

当然深度学习的训练过程绝不是只有正向传播的过程。它的训练是个循环迭代、调整参数的过程。系统能够一次性正确表达输入的情况还是很少见的,所以当系统的输出与输入相差较大时,就需要根据误差对 model 进行参数调整了。参数调整的过程实际上就是反向传播的过程。

4.2.1.2 正向传播的详细原理

深度学习的网络是由人工神经网络发展过来的,可以将其理解为有很多隐含层的神经网络。每个神经元的结构如图 4.6 所示。

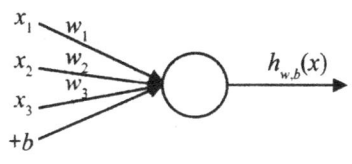

图 4.6 神经元结构

其输出 $h_{w,b}(x)$ 满足式(4-1),其中,x_1,x_2,x_3 为输入,b 为偏置,z 为输入的加权和,f 为非线性的激活函数,将线性关系转换为非线性关系。

$$h_{w,b}(x) = f(z) = f(\sum_{i=1}^{3} w_i x_i + b) \tag{4-1}$$

了解了神经元从输入到输出的传播方式,再看一个三层的神经网络结构。图 4.7 所示为三层神经网络结构图,图中参数未全部标出。

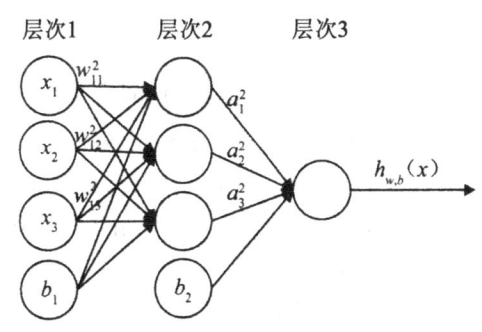

图 4.7 三层神经网络结构

同样，其中，x_1, x_2, x_3 为输入，$w_{11}^2, w_{12}^2, w_{13}^2$ 为一、二层之间的权值，b_1, b_2 为偏置，z 表示输入的加权和，$a_{11}^2, a_{12}^2, a_{13}^2$ 分别为第二层的输出。我们仍然以 f 代表激活函数。则有

$$a_1^2 = f(z_1^2) = f(w_{11}^2 x_1 + w_{12}^2 x_2 + w_{13}^2 x_3 + b_1) \quad (4\text{-}2)$$

$$a_2^2 = f(z_2^2) = f(w_{21}^2 x_1 + w_{22}^2 x_2 + w_{23}^2 x_3 + b_1) \quad (4\text{-}3)$$

$$a_3^2 = f(z_3^2) = f(w_{31}^2 x_1 + w_{32}^2 x_2 + w_{33}^2 x_3 + b_1) \quad (4\text{-}4)$$

则第三层输出 a_1^3 为

$$a_1^3 = f(z_1^3) = f(w_{11}^3 a_1^2 + w_{12}^3 a_2^2 + w_{13}^3 a_3^2 + b_2) \quad (4\text{-}5)$$

以此类推，神经网络的层次较深时，假设第 $l-1$ 层共有 m 个神经元，则对于第 l 层的第 j 个神经元有

$$a_j^l = f(z_j^l) = f\left(\sum_{i=0}^{m} w_{jk}^l a_k^{l-1} + b_j^l\right) \quad (4\text{-}6)$$

由上述推导过程可以看出，代数法的表述还是比较复杂的。如果使用矩阵法表示，过程会简洁得多。假设第 $l-1$ 层有 m 个神经元，第 l 层有 n 个神经元，则第 l 层的线性系数 w 组成了一个 $n \times m$ 的矩阵 $\boldsymbol{W}^l$，l 层的偏置组成了一个 $n \times 1$ 的矩阵 $\boldsymbol{b}^l$。$l-1$ 层的输出 $\boldsymbol{a}$ 组成了一个 $m \times 1$ 的向量 $\boldsymbol{a}^{l-1}$。第 l 层的输出加权和组成一个 $n \times 1$ 的向量 $\boldsymbol{z}^l$，第 l 层的输出 $\boldsymbol{a}$ 组成一个 $n \times 1$ 的矩阵 $\boldsymbol{a}^l$。则矩阵法表示如下

$$\boldsymbol{a}^l = f(\boldsymbol{z}^l) = f(\boldsymbol{W}^l \boldsymbol{a}^{l-1} + \boldsymbol{b}^l) \quad (4\text{-}7)$$

有了以上的推导，深度学习向前传播的详细原理就更好理解了。前向传播是利用一系列的权重矩阵 $\boldsymbol{W}$ 和偏置向量 $\boldsymbol{b}$，对输入数据进行一系列的线性和非线性变换。数据从输入层开始，逐层传播，向后计算，最后通过一个激活函数 softmax 输出预测的结果。这里 softmax 的作用可以简单理解为是将线性预测值转化为类别概率，当然 softmax 可以用其他激活函数代替。正向学习预测结果示意图如图 4.8 所示。

4.2.2 反向调整过程

深度学习网络在正向传播的输入部分，是通过学习无标签数据得到初始值的，而传统神经网络则是采用随机初始化的方法。因此，深度学习的初始值比较接近全局最优。但是若只有正向传播，模型的效果达不到优化。深度学习通过有标签的数据与正向传播的输出结果做对比，得到两者误差，两者的误差表示为一个与各层参数相关的函数，将误差向输入层方向逆推，分摊到各层中去，修正各层的参数，从而达到优化模型、提高预测准确度的目的。

图 4.8 正向学习预测结果示意图

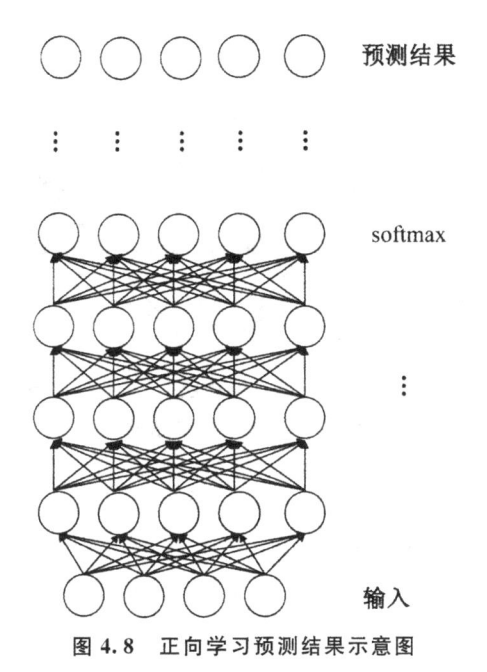

反向调整的过程如图 4.9 所示。

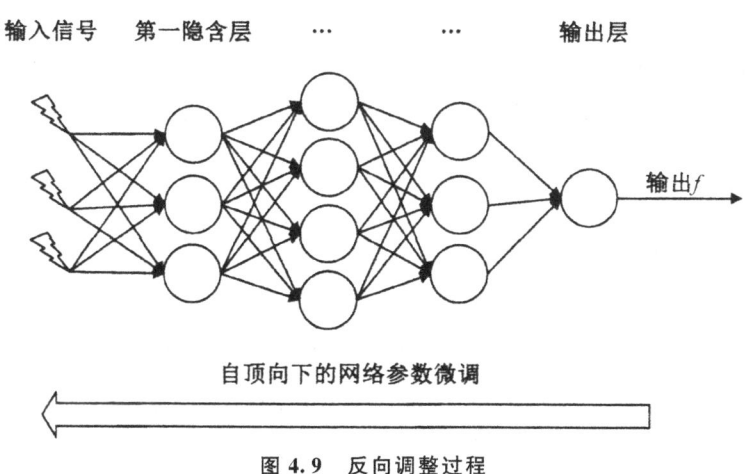

图 4.9 反向调整过程

现在结合例子尝试推导一个神经网络的反向传播算法。现有如图 4-10 所示的神经网络，设它的神经元激活函数采用 sigmoid 函数。当然，除此以外激活函数还有许多其他类型，实际应用时需根据实际情况进行推导。

图 4.10 神经网络示例

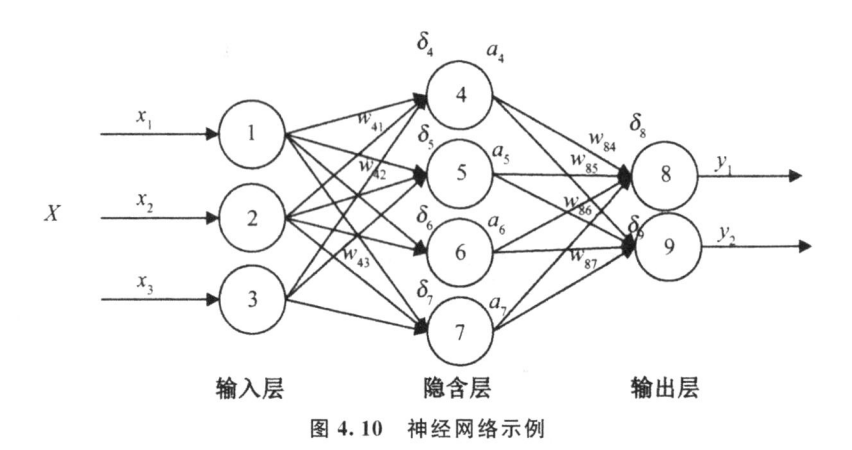

图 4.7 中 X 为输入，w 为连接的权重，δ 为误差项。对于该模型采用均方误差(MSE)作为目标函数，如式(4-8)所示，其中 C 为目标函数。代价函数的定义也有很多，根据需要亦可以采用其他统计学公式。

$$C = \frac{1}{2} \sum_{i \in \text{outputs}} (t_i - y_i)^2 \tag{4-8}$$

使用梯度下降法进行推导，结合式(4-8)可以得到式(4-9)。

$$w_{ji} \to w'_{ji} = w_{ji} - \eta \frac{\partial C}{\partial w_{ji}} \tag{4-9}$$

通过观察网络结构，可以发现权重 w_{ji} 是通过控制节点 j 的输入进而影响到后续网络结构的，这里我们设 net_j 为节点 j 的加权输入，那么

$$\text{net}_j = \boldsymbol{w}_j \cdot \boldsymbol{x}_j = \sum_i w_{ji} x_{ji} \tag{4-10}$$

w_{ji} 为节点 j 连接节点 i 的权重，x_{ji} 为节点 j 从节点 i 获得的输入值，根据链式求导法则

$$\frac{\partial C}{\partial w_{ji}} = \frac{\partial C}{\partial \text{net}_j} \frac{\partial \text{net}_j}{\partial w_{ji}} = \frac{\partial C}{\partial \text{net}_j} \frac{\partial \sum_i w_{ji} x_{ji}}{\partial w_{ji}} = \frac{\partial C}{\partial \text{net}_j} x_{ji} \tag{4-11}$$

由于隐含层和输出层的输出对总误差 C 的影响程度不同，所以两种情况需要分别推导。对于输出层节点来说，输出 y_j 即 $y_j = \text{sigmoid}(\text{net}_j)$，所以根据链式求导法则先求输出层梯度

$$\frac{\partial C}{\partial \text{net}_j} = \frac{\partial C}{\partial y_j} \frac{\partial y_j}{\partial \text{net}_j} = \left[\frac{\partial}{\partial y_j} \frac{1}{2}(t_j - y_j)^2\right]\left[\frac{\partial \text{sigmoid}(\text{net}_j)}{\partial \text{net}_j}\right]$$
$$= -(t_j - y_j) y_j (1 - y_j) \tag{4-12}$$

获得了输出层连接的梯度，将 $\delta_j = (t_j - y_j) y_j (1 - y_j) = -\dfrac{\partial C}{\partial \text{net}_j}$ 代入梯度

下降公式，可得

$$w_{ji} \to w'_{ji} = w_{ji} - \eta \frac{\partial C}{\partial w_{ji}} = w_{ji} + \eta \delta_j x_{ji} \tag{4-13}$$

这样就可以完成对输出层连接的权重更新。对于隐含层节点来说，输出 y_i 会影响后续所有与其相连的节点，为方便公式书写，定义下游所有节点的集合为 outputs。

$$\begin{aligned}
\frac{\partial C}{\partial \text{net}_j} &= \sum_{k \in \text{outputs}} \frac{\partial C}{\partial \text{net}_k} \frac{\partial \text{net}_k}{\partial \text{net}_j} \\
&= \sum_{k \in \text{outputs}} -\delta_k \frac{\partial \text{net}_k}{\partial \text{net}_j} \\
&= \sum_{k \in \text{outputs}} -\frac{\partial \text{net}_k}{\partial a_j} \frac{\partial a_j}{\partial \text{net}_j} \\
&= \sum_{k \in \text{outputs}} -\delta_k w_{kj} \frac{\partial a_j}{\partial \text{net}_j} \\
&= \sum_{k \in \text{outputs}} -\delta_k w_{kj} a_j (1-a_j) \\
&= -a_j (1-a_j) \sum_{k \in \text{outputs}} \delta_k w_{kj} \tag{4-14}
\end{aligned}$$

令 $\delta_j = -\frac{\partial C}{\partial \text{net}_j}$，代入式(4-13)后，便可以更新隐含层的权重了。

通过以上步骤的处理，所有连接的 w 均得到了重置。再进行正向传播，代价函数的输出结果必然是更小的，重复进行这个流程，模型就更加准确可靠。

4.3 深度学习的主流模型

4.3.1 卷积神经网络

4.3.1.1 卷积神经网络原理

卷积神经网络(convolutional neural network，CNN)在本质上是一种输入到输出的映射。CNN 是一种特殊的深层神经网络模型，其特殊性主要体现在两个方面：一是它的神经元间的连接是非全连接的；二是同一层中神经元之间的连接采用权值共享的方式。其学习过程如图 4.11 所示。其中，Input(输入)到 C_1、S_4 到 C_5、C_6 到 Output(输出)是全连接，C_1 到 S_2、C_3 到

S_4 是一一对应的连接，S_2 到 C_3 为了消除网络对称性，去掉了一部分连接，可以让特征映射更具多样性。需要注意的是，C_5 卷积核的尺寸要和 S_4 的输出相同，只有这样才能保证输出是一维向量。

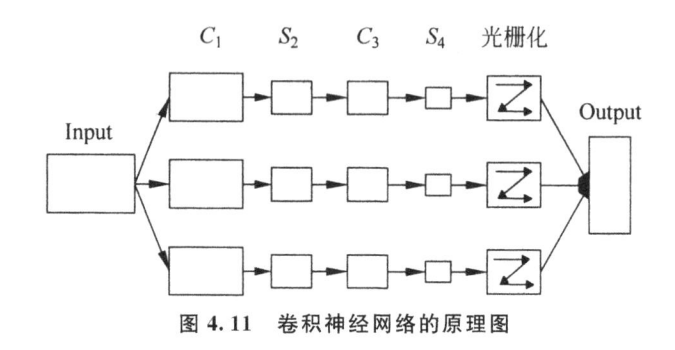

图 4.11 卷积神经网络的原理图

CNN 的基本结构包括两层，即特征提取层和特征映射层。特征提取层中，每个神经元的输入与前一层的局部接受域相连，并提取该局部的特征。一旦该局部特征被提取后，它与其他特征间的位置关系也随之确定下来；每一个特征提取层后都紧跟着一个计算层，对局部特征求加权平均值与二次提取，这种特有的两次特征提取结构使网络对平移、比例缩放、倾斜或者其他形式的变形具有高度不变性。计算层由多个特征映射组成，每个特征映射是一个平面，平面上采用权值共享技术，大大减少了网络的训练参数，使神经网络的结构变得更简单，适应性更强。另外，图像可以直接作为网络的输入，因此它需要的预处理工作非常少，避免了传统识别算法中复杂的特征提取和数据重建过程。特征映射结构采用影响函数核小的 sigmoid 函数作为卷积网络的激活函数，使得特征映射具有位移不变性。

并且，在很多情况下，有标签的数据是很稀少的，但正如前面所述，作为神经网络的一个典型，卷积神经网络也存在局部性、层次深等深度网络具有的特点。卷积神经网络的结构使得其处理过的数据中有较强的局部性和位移不变性。有研究人员将卷积神经网络和逐层贪婪无监督学习算法相结合，提出了一种无监督的层次特征提取方法。此方法用于图像特征提取时效果明显。基于此，CNN 被广泛应用于人脸检测、文献识别、手写字体识别、语音检测等领域。

CNN 也存在一些不足之处，如由于网络的参数较多，导致训练速度慢，计算成本高，如何有效提高 CNN 的收敛速度成为今后的一个研究方向。另外，研究卷积神经网络的每一层特征之间的关系对于优化网络的结构有很大帮助。

4.3.1.2 卷积神经网络学习的经典模型 LeNet5

1. LeNet5 的基本结构

LeNet5 的基本结构共有 7 层,包括 2 个卷积层、2 个池化层、2 个全连接层和 1 个输出层,如图 4.12 所示。在 LeNet5 中,输入图像为 32×32 的黑白图像,卷集核大小为 5×5,各卷积层中卷集核的个数分别为 6、16、120 种,池化过程使用的子采样窗口大小为 2×2。

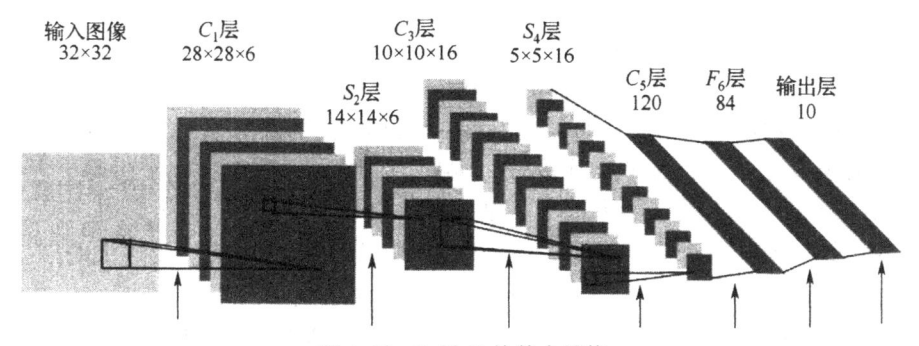

图 4.12 LeNet5 的基本结构

2. LeNet5 的分层结构及参数

根据图 4.12 给出的 LeNet5 的分层结构,下面分别对其不同层次的结构、功能、参数等进行讨论。

(1) 输入层。图 4.8 的输入层是一幅大小为 32×32 的黑白图像。如果按照色彩分,图像可分为彩色和黑白两大类。其中,彩色图像的每个像素均由 3 个颜色通道构成,这种颜色通道也称为图像的深度,因此彩色图像的深度为 3。例如,对一幅大小为 32×32 的彩色图像,其数据大小可描述为 32×32×3。黑白图像则不同,由于其每个像素只用一个灰度值即可描述,故其深度为 1。例如,32×32 的黑白图像的数据大小可描述为 32×32×1。从卷积网络学习的角度,图像的不同深度将影响到卷积层所要提取的特征的类型。例如,对深度为 3 的彩色图像,其卷集核的设置需要考虑色彩特征,而黑白图像则不然。

(2) 卷积层 C_1。卷积层 C_1 由输入图像与卷集核做卷积运算得到。由于输入图像为黑白图像,因此不需要提取图像的颜色特征。在 LeNet5 中,设置了 6 种卷集核,即提取输入图像中的 6 种特征。又由于卷集核和特征图之间存在一一对应关系,因此卷积层 C_1 由 6 个特征图所构成。至于特征

图的大小,其高或宽分别为

输入图像的高(或宽)－卷集核的高(或宽)＋1＝32－5＋1＝28

在此前提下,卷积层的神经元个数为

特征图的高×特征图的宽×特征图的个数＝28×28×6＝4704

可训练参数个数为

每个卷集核的参数个数×卷集核的个数
＝(卷集核的高×卷集核的宽＋偏置值的个数)×卷集核的个数
＝(5×5＋1)×6＝156

所有连接的个数为

每个卷集核的参数个数×卷集核的个数×特征图的大小
＝(5×5＋1)×6×(28×28)＝156×784＝122304

综上,对一个32×32的黑白图像,若提取其6种特征,仅C_1层需要调整的参数为156个,实现的连接为122304个。如果是彩色图像,或者是更大的图像,或者提取更多的特征,其需要调整的参数和实现的连接个数很庞大。这些数字从一个侧面说明,深度学习的计算规模和资源需求都是比较大的。

(3)池化层S_2。池化层(Pooling Layer)也叫子采样层(Subsample Layer)或降采样(Downsampling),是在卷积层的基础上,利用池化(子采样操作或降采样)操作对卷积层的特征图进行降维。

在图4.12中,S_2层的情况如下:

①池化窗口大小为2×2,即$h_S=2$、$w_S=2$。

②特征图的大小为(28/2)×(28/2),即14×14。

③特征图的个数与C_1层的特征图个数相同,即6个。

④每个特征图涉及2个可训练参数。

⑤可训练参数总共有2×6＝12个。

⑥连接个数总共有(2×2＋1)×6×(14×14)＝5×6×196＝5880。即各特征图的每个神经元都与C_1层的4个神经元和一个偏置单元连接。

(4)卷积层C_3。C_3层是第二个卷积层,其输入图像是S_2层的6个特征图,卷集核的大小仍为5×5,但其卷积过程并非与S_2层的6个特征图一一对应进行,而是采用不对称组合连接方式,所得到的特征图并非为6个特征图,而是16个。采用这种非对称组合连接方式的主要目的是更有利于提取多种组合特征。

由于每个特征图的大小为(14－5＋1)×(14－5＋1)＝10×10＝100,因此C_3层所有连接的总个数为1516×100＝151600。

(5)池化层S_4。池化层S_4的池化过程与池化层S_2类似,池化窗口大小仍为2×2。其主要区别是,S_2层为6个特征图,而S_4层为16个特征图。

这 16 个特征图分别与 C_3 层的 16 个特征图对应，分别由 C_3 层的 16 个特征图经池化操作得到。其中

① 每个特征图的大小 $(10/2)\times(10/2)$，即 5×5。
② 每个特征图的可训练参数为 2 个，可训练参数总数为 $2\times16=32$ 个。
③ 连接个数总共有 $(2\times2+1)\times16\times(5\times5)=5\times16\times25=2000$。即各特征图的每个神经元都与 C_1 层的 4 个神经元和一个偏置单元连接。

（6）卷积层 C_5。C_5 层是第三个卷积层，其输入是 S_4 层的 16 个 5×5 的特征图，卷集核大小仍为 5×5，卷集核个数为 120 个（经典 LeNet5 为适应手写数字识别的特点所给定的），卷积操作所得到的特征图也应该是 120 个。并且，每个特征图都与 S_4 层的 16 个特征图连接。又由于卷集核的大小与 S_4 层的特征图的大小相同，故 C_5 层特征图的大小为 1×1，这就构成了 S_4 层与 C_5 层之间的全连接。

由于每个卷集核大小为 5×5 且与 S_4 层的 16 个特征图都有连接，则其需要的参数个数为 $(5\times5\times16+1)=401$，共有 120 个卷集核，因此总的参数个数为 $401\times120=48120$。同样，连接个数也为 48120。

（7）全连接层 F_6。F_6 是全连接层。在经典 LeNet5 中，F_6 层有 84 个节点，对应一个 7×12 的位图，-1 表示白色，$+1$ 表示黑色。总的训练参数和连接个数均为 $(120+1)\times84=10164$。其中，120 为 C_5 层的 1×1 特征图的个数，1 为偏置值。F_6 层的输出为 sigmoid 函数产生的单元状态。

（8）输出层。输出层也是一个全连接层，每个输出节点都与 F_6 层的 84 个节点连接。输出层的输出节点共有 10 个，分别代表 0、1、2、$\cdots$、9 这 10 个数字；输出层功能函数采用欧氏径向基函数 ERBF（Euclidean Radial Basis Function）。假设 $y_i(i=0,1,2,\cdots,9)$ 是径向基函数的输出，$j(j=0,1,2,\cdots,83)$ 是 F_6 层的 84 个节点的序号，w_{ij} 是输出层第 i 个节点到 F_6 层第 j 个节点的权值，则径向基函数为

$$y_j = \sum_{j=0}^{83}(x_j - w_{ij})^2$$

其输出值越接近于 0，则 f 越接近于所识别的数字。

从参数和连接的角度，由于采用全连接方式，故其输出层共有参数 $84\times10=840$ 个，连接数为 $84\times10=840$ 个。

4.3.2　循环神经网络

循环神经网络（Recurrent Neural Networks，RNN）是用来处理序列数据的神经网络。RNN 网络的隐含层节点之间是有连接的，隐含层节点的输

入不仅包括输入层,还有上一时刻隐含层的输出。RNN 和其他网络一样也包含输入层、隐含层和输出层,如图 4.13 所示。这些隐含层的连接是 RNN 最主要的特色。

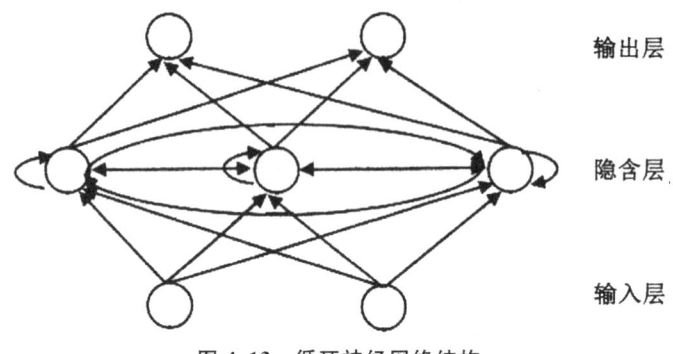

图 4.13 循环神经网络结构

从图 4.13 中可以看出,输入层节点和隐含层节点相互连接,隐含层输出到输出层,而隐含层节点之间相互影响,可以是上一个时间节点输出信息重新返回隐含层节点,还可以包含隐含层相邻节点相互连接,是一个动态的网络。生物神经网络都是一种循环网络,可以对序列式数据理解,因此 RNN 更加接近生物神经系统。目前 RNN 在语音识别、语言建模、翻译、图片描述等问题上的应用已经取得一定成功。

图 4.14 表示一个带有自我反馈结构的网络,可以在不同的时间节点进行展开,得到一个前馈网络,此网络计算可以重复利用 BP 算法。在图 4.14 中,RNN 包含输入单元(input units),输入集标记为 $\{u_{t-1}, u_t, u_{t+1}\}$,而输出单元(output units)的输出集则被标记为 $\{y_{t-1}, y_t, y_{t+1}\}$。RNN 还包含隐藏单元(hidden units),我们将其标记为 $\{S_{t-1}, S_t, S_{t+1}\}$。这些隐藏单元完成了最主要的工作。在图 4.10 中,有一条单向流动的信息流是从输入单元到达隐藏单元的,与此同时另一条单向流动的信息流从隐藏单元到达输出单元。在某些情况下,RNN 会打破后者的限制,引导信息从输出单元返回隐藏单元,这些被称为"Back Projections",并且隐含层的输入还包括上一隐含层的状态,即隐含层内的节点可以自连也可以互连。图 4.14 将循环神经网络展开成一个全神经网络。

该网络展开后的权值矩阵都是相同的,加入教师信号 $u(n)$ 和 $v(n)$。

$$u(n) = [u_1(n), u_2(n), \cdots, u_k(n)], \quad n = 1, 2, \cdots, T$$
$$v(n) = [v_1(n), v_2(n), \cdots, v_k(n)], \quad n = 1, 2, \cdots, T$$

时间序列信号 $u(n)$ 作为输入,然后可以计算出中间结果 $x(n)$ 和最后

的输出层结果 $y(n)$。最后的输出误差是

$$E = \sum_{n=1}^{T} \|v(n) - Y(n)\|^2 = \sum_{n=1}^{T} E(n)$$

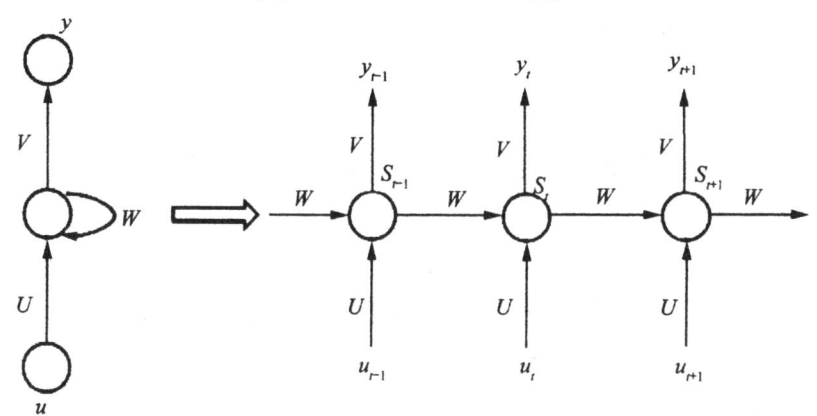

图 4.14　RNN 中的自我反馈结构

前向传递得到输出，沿着时间 $n = T, T-1, \cdots, 1$，误差回传，对于每一个时间点上节点的激发记作 $x_i(n), y_j(n)$ 误差项 $\delta_i(n)$。

$$\delta_j(T) = \left[v_j(T) - y_j(T)\right] \frac{\partial f(u)}{\partial u} \bigg|_{u = s_j(T)}$$

$$\delta_i(T) = \left[\sum_{j=1}^{L} \delta_i(T)\right] \frac{\partial f(u)}{\partial u} \bigg|_{u = s_i(n)}$$

$\delta_j(T)$ 是输出单元时刻 T 的误差，$\delta_i(T)$ 是中间节点 $x_i(T)$ 时刻 T 的误差，时刻 T 以前输出误差 $\delta_j(n)$ 和中间节点 $x_i(n)$ 在 T 时刻以前误差 $\delta_i(n)$ 可计算如下

$$\delta_j(n) = \left[v_j(T) - y_j(T) + \sum_{i=1}^{N} \delta_i(n+1) w_{ij}^{\text{back}}\right] \frac{\partial f(u)}{\partial u} \bigg|_{u = s_j(n)}$$

$$\delta_i(n) = \left[\sum_{j=1}^{N} \delta_j(n+1) w_{ij} + \sum_{j=1}^{L} \delta_j(n) w_{ij}^{\text{out}}\right] \frac{\partial f(u)}{\partial u} \bigg|_{u = s_i(n)}$$

根据 BP 算法原理可以计算出权值矩阵的更新

$$w_{ij} = w_{ij} + \sum_{n=1}^{T} \delta_i(n) x_j(n-1), \quad x_j(n-1) = 0, n = 1$$

$$w_{ij}^{\text{in}} = w_{ij}^{\text{in}} + \tau \sum_{n=1}^{T} \delta_i(n) u_j(n)$$

$$w_{ij}^{\text{out}} = w_{ij}^{\text{out}} + \tau \times \begin{cases} \sum_{n=1}^{T} \delta_i(n) u_j(n) \\ \sum_{n=1}^{T} \delta_i(n) x_j(n) \end{cases}$$

$$w_{ij}^{\text{back}} = w_{ij}^{\text{back}} + \tau \sum_{n=1}^{T} \delta_i(n) y_j(n-1), \quad y_j(n-1) = 0, n=1$$

w_{ij}^{in} 代表输入层和隐含层之间的连接权值矩阵，w_{ij}^{out} 是隐含层和输出层的权值矩阵，w_{ij} 是隐含层节点沿时间展开的权值矩阵，w_{ij}^{back} 代表输出层返回隐含层的权值矩阵。

4.4　深度学习在图像中的应用

4.4.1　基于深度学习的大规模图像识别

4.4.1.1　大规模图像数据库：ImageNet

ImageNet 由美国斯坦福大学 Li Fei-fei 教授的研究团队提出，是一个很大规模的数据库，包含超过 1500 万具有标签的高清图像，这些图像可以分成约 22000 个类别。这些图像均从网络中采集而得，并使用亚马逊的"土耳其机器人"众包工具，集广大网民的力量手工标注获得图像对应的标签。

自从 2010 年起，ImageNet 大尺度视觉识别挑战竞赛(imageNet large-scale visual recognition challenge, ILSVRC)每年如约举行，它是当今计算机视觉和图像识别领域最具影响力的比赛之一。每年一度的 ILSVRC 比赛牵动着众多研究机构和巨头公司的心弦。ILSVRC 使用 ImageNet 数据库中的一部分图像：这些图像可以分成 1000 类，每类约有 1000 张图像。在较小的数据库(如 PASCAL VOC 数据库)中，图像一般分成鸟、猫、狗等较粗的类别。而在 ILSVRC 竞赛所使用的数据库中，图像被分成了更细的类别，比如火烈鸟(flamingo)、公鸡(cock)等。在 ILSVRC 竞赛中总共约有 120 万张训练图像、5 万张验证图像和 15 万张测试图像。

4.4.1.2　AlexNet 网络结构

用于图像识别的深度神经网络一般包含卷积层、池化层和全连接层。图 4.15 给出了 AlexNet 的网络结构。AlexNet 总共包含 8 个学习层：前 5 层是卷积层，最后 3 层是全连接层。在这 5 个卷积层中，第 1、2、5 层后面有最大池化(max pooling)层。

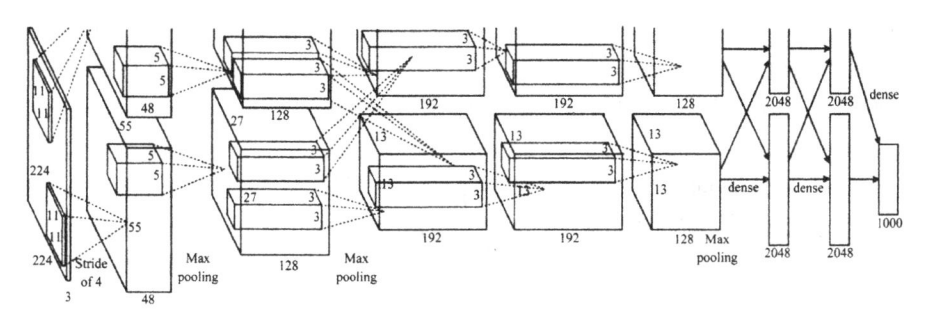

图 4.15　AlexNet 的网络结构

ImageNet 数据库中包含大小不一的图像,而 AlexNet 需要输入尺寸固定的图像。因此,所有的输入图像都将大小统一调整为 256×256。为了避免过拟合,对 256×256 的图像进行随机裁剪,获得多个 224×224 大小的图像。每个输入图像均使用 RGB 3 个颜色通道上的特征。因此,对于 Alex-Net 网络而言,输入图像的大小为 224×224×3,如图 4.15 所示。

AlexNet 深度网络包括 5 个卷积层。第一个卷积层对 224×224×3 的输入图像进行卷积,总共包含 96 个大小为 11×11×3 的卷积核,进行卷积的步幅(Stride)为 4。卷积结果的大小为 55×55×96。第二个卷积层对第三个卷积层的结果(经过了归一化和最大池化)进行卷积,总共包含 256 个大小为 5×5×48 的卷积核。第三个卷积层对第二个卷积层的结果进行卷积,总共包含 384 个大小为 3×3×256 的卷积核。第四个卷积层总共包含 384 个大小为 3×3×192 的卷积核。第五个卷积层总共包含 256 个大小为 3×3×192 的卷积核。

AlexNet 深度网络包括 3 个全连接层。前两个全连接层各包括 4096 个节点;最后一个全连接层包括 1000 个节点,代表 1000 个目标类别。

AlexNet 深度网络之所以获得成功,主要原因在于以下几点:使用非线性激活函数 ReLU;在多 GPU 上进行实现;使用降低过拟合的措施,比如增加训练数据和 dropout 技术。

4.4.1.3　非线性激活函数 ReLU

在 ReLU 激活函数出现之前,神经网络最常用的激活函数是 sigmoid 函数。sigmoid 函数的公式和形状如图 4.16(a)所示。sigmoid 函数将输出数值限制在 0~1。特别地,如果是较大的负数,输出接近 0;如果是较大的正数,输出接近 1。可以看出,当输入较大或较小的时候,会有饱和现象。也就是说,sigmoid 函数的导数只有在 0 附近时有比较大的激活性,而在正负饱和区的梯度都接近 0。当神经网路的层数较多时,sigmoid 函数在反向传播时的梯度值会越来越小,在经过多层的反向传播之后,梯度值会变得非常小。这就导致根据训练样本的反馈来更新神经网络的参数变得异常缓慢,甚至起不到任何作用。这一现象称为梯度弥散。

(a) sigmoid 激活函数

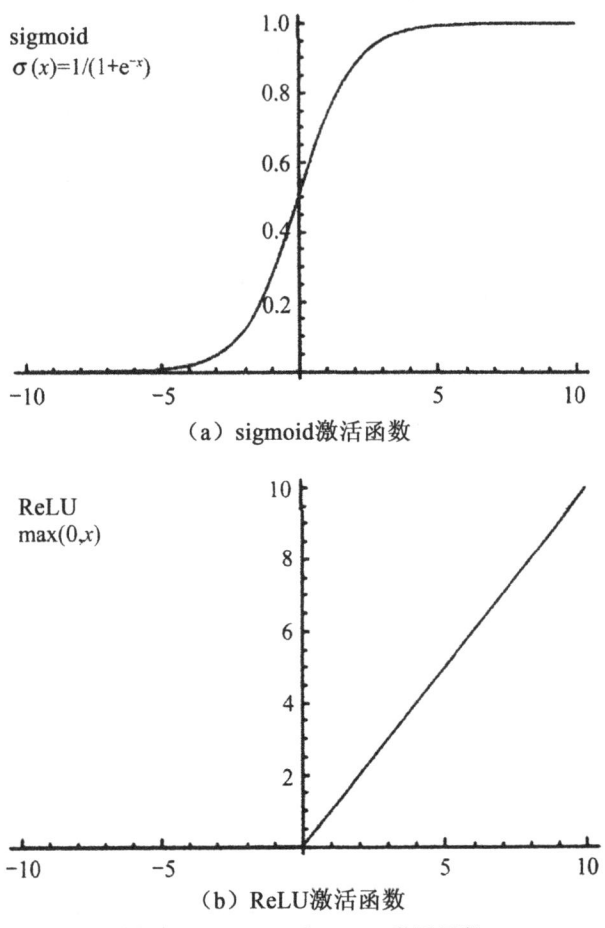

(b) ReLU 激活函数

图 4.16 sigmoid 和 ReLU 激活函数

AlexNet 中,使用 ReLU 激活函数来替代 sigmoid 激活函数。ReLU 激活函数的公式和形状如图 4.16(b)所示。根据公式定义,当输入小于 0 时,输出都是 0;当输入大于 0 时,输出等于输入。相比较于 sigmoid 激活函数而言,ReLU 激活函数具有如下几个优点:①ReLU 激活函数在大于 0 的部分梯度为常数,所以不会出现梯度弥散现象;②ReLU 激活函数在小于 0 的部分梯度都为 0,所以神经网络中神经元的激活值一旦进入负半区,这个神经元的权重不会进行更新,即具有所谓的稀疏性,可以在一定程度上缓解过拟合现象的发生;③ReLU 激活函数的导数计算非常简单快速。Alex 等人用 ReLU 激活函数取代 sigmoid 激活函数,发现使用 ReLU 激活函数的收敛速度会比 sigmoid 激活函数的收敛速度快很多。

4.4.1.4 在多 GPU 上进行实现

Alex 等人在两块 GTX 580 的 GPU 上对 AlexNet 深度网络进行实现和训练。一块 GTX 580 的 GPU 只有 3GB 的内存,这限制了在该 GPU 上进行训练的网络的最大规模。在 ILSVRC 竞赛中,总共约有 120 万张训练图像。这些训练图像可以用来很好地训练出 AlexNet 深度网络的参数,但是对于一个包含 3GB 内存的 GPU 来说图像数目太大。因此,Alex 等人将网络分布在两个 GTX 580 的 GPU 上进行实现。由于现有的 GPU 能够很方便地从另一个 GPU 的内存中读出和写入数据,而无须经过主机内存,所以现有的 GPU 特别适合进行跨 GPU 并行计算。AlexNet 深度网络中采用的多 GPU 并行计算的方式是将一半的神经元放在一个 GPU 上,如图 4-15 所示。

4.4.1.5 增加训练样本

增加训练样本,又称为数据增强,就是通过对图像进行变换人为地扩大训练数据集。该方法是减少过拟合现象最容易和最普遍的方法。

在训练 AlexNet 深度网络时,采用以下两种方法进行数据增强。

(1) 随机裁剪和水平翻转。在训练时,将原始大小为 256×256 的图像随机裁剪到 224×224 的大小,并且允许对裁剪后的图像进行水平翻转。这就相当于将样本个数增加了 $2\times(256-224)^2$ 倍,即 2048 倍。

(2) 颜色调整。在所有 ImageNet 训练图像的 RGB 像素值上进行主成分分析(principle component analysis,PCA),然后对每一张训练图像以一定的比例添加多个找到的主成分。

4.4.1.6 Dropout 技术

Droupout 技术是一个非常简单有效的正则化技术。在网络训练期间,Dropout 技术相当于是对整体神经网络进行子采样(见图 4.17,实线圈出的节点包含在子网络中),并且基于输入数据更新子网络的参数。具体实现方法为:以 50% 的概率将神经网络中每一个隐含层节点的输出设置为 0,使之不参与前向传播和反向传播。在 AlexNet 深度网络中,最后的两个全连接层使用了 Dropout 技术。

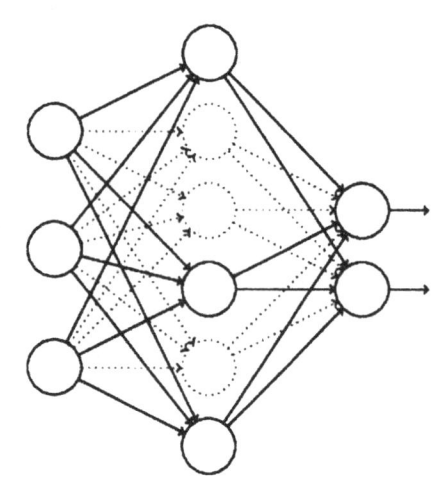

图 4.17 Dropout 示例

在过去几年中,研究者提出更多越来越深的深度网络,比如 VGGNet、GoogleNet 和 ResNet。相应地,计算机的图像识别性能大大提升,出错率仅仅约为 5%,比人眼的出错率还要低。图像识别性能的大幅上升很大程度上依赖于 GPU 带来的超强计算能力和更大规模的训练图像数据。

4.4.2 生成对抗网络

生成对抗网络(generative adversarial network,GAN),通过使用对抗训练机制对两个神经网络进行训练,经随机梯度下降实现优化,既避免了反复应用马尔可夫链学习机制所带来的配分函数计算,也无须变分下限或近似推断,从而大大提高了应用效率。

GAN 结构如图 4.18 所示,生成器(点划线内的多层感知机)的输入是一个来自常见概率分布的随机噪声矢量 z,输出是计算机生成的伪数据。判别器(虚线框内的多层感知机)的输入是图片 x,x 可能采样于真实数据,也可能采样于生成数据;判别器的输出是一个标量,用来代表 x 是真实图片的概率,即当判别器认为 x 是真实图片时输出 1,反之输出 0。判别器和生成器不断优化,当判别器无法正确区分数据来源时,可以认为生成器捕捉到了真实数据样本的分布。

4.4.2.1 深度学习在医学影像识别中的应用

基于深度学习等人工智能技术的 X 光、核磁、CT、超声等医疗影像多模态大数据的分析技术,可提取二维或三维医疗影像隐含的疾病特征。例如,黑色素瘤识别——将 1 万张有标记的影像交给机器学习,然后让 3 名医生和计算机一起看另外的 3000 张。人的精度为 84%,计算机的精度可达 97%。

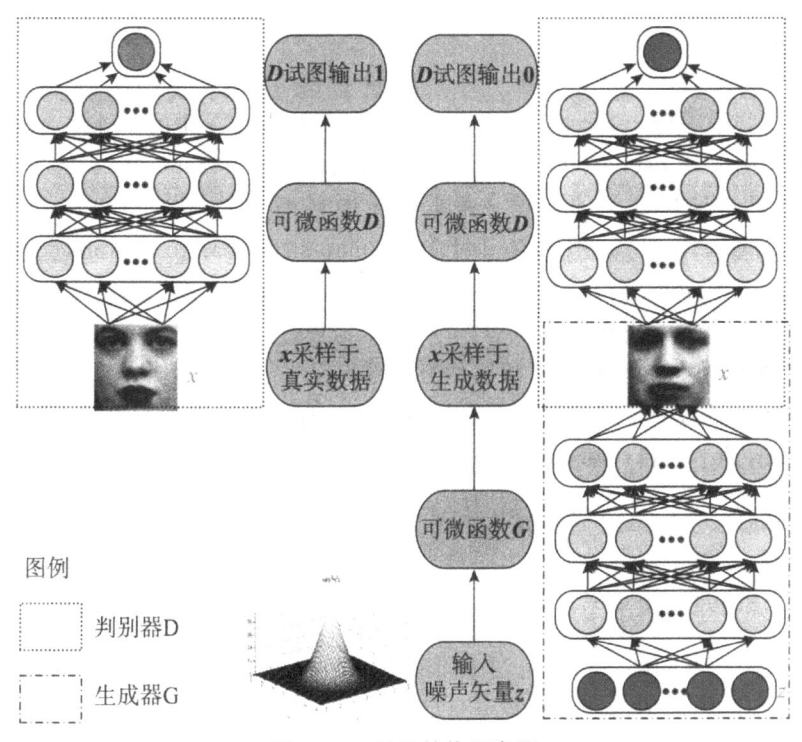

图 4.18 GAN 结构示意图

有的研究人员将 GAN 用于医学图像的异常检测,通过学习健康数据集的特征抽象出病变特征。例如,能够检测到测试样本中的视网膜积液,而这在训练样本集中并没有出现过。

4.4.2.2 生成对抗网络在图像处理中的应用

目前,GAN 应用最成功的领域是计算机视觉,包括图像和视频生成。如生成各种图像、数字、人脸,图像风格迁移、图像翻译、图像修复、图像上色、人脸图像编辑以及视频生成,构成各种逼真的室内外场景,从物体轮廓恢复物体图像等。

4.5 深度学习前沿发展——增强学习与迁移学习

4.5.1 增强学习

增强学习(reinforcement learning,RL)是机器学习中的一种学习范式,其与监督学习(supervised learning)、非监督学习(unsupervised learning)并列,是一种机器学习问题。根据经典教科书上的定义,Reinforcement Learning is learning what to do-how to map situations to actions, so as to maximize a numerical reward signal。即增强学习关注智能体做什么,如何从当前的状态中找到相应的动作,从而得到更好的奖赏。增强学习是从环境到动作映射的学习,这个映射称为策略(Strategy)。

增强学习的学习目标就是 Reward,即奖赏。增强学习就是基于奖赏假设,所有的学习目标都可以归结为得到累计的最大奖赏。例如,目标可以选择那些可能带来未来奖赏的动作。而动作,则具有长远的影响。奖赏不一定马上生效,可能会被推迟。为了得到长远的奖赏,可以牺牲当前的奖赏。

4.5.1.1 增强学习的过程

(1)学习问题。在此问题中,环境在初始时是未知的。智能体与环境产生交互,智能体需要不断改进自己的策略。

(2)规划问题。在此问题中,环境模型是已知的。智能体使用环境模型进行计算,并且没有任何的外部交互。智能体也需要不断改进自己的策略。

例如,在 Atari 中,游戏的规则是未知的,直接从游戏对战的过程中来学习。玩家使用手柄来执行动作,看得见的是像素和分数。当是一个规划问题时,游戏的规则是已知的,可以通过执行模拟器。在智能体的大脑里有完美模型。如果要从状态 s 采取动作 a,那么下一个状态是什么?将来的分数是什么?规划在找到最优策略之前,可以利用树搜索。

在 AlphaGo 中,环境是已知的,AlphaGo 知道棋盘当前所有棋子的位置,也知道棋子的历史状态。

增强学习是一种试错的学习方式;最开始时不清楚环境的工作方式,不清楚执行什么样的行为是对的,什么样的行为是错的。因而 agent 需要从不断尝试的经验中发现一个好的 policy,从而在这个过程中获取更多的

reward。在学习过程中,会有一个在 Exploration(探索)和 Exploitation(利用)之间的权衡。

Exploration 会放弃一些已知的 reward 信息,而去尝试一些新的选择——在某种状态下,算法也许已经学习到选择什么 action 让 reward 比较大,但是并不能每次都做出同样的选择,也许另外一个没有尝试过的选择会让 reward 更大,即 Exploration 希望能够探索更多关于 environment 的信息。

Exploitation 指根据已知的信息最大化 reward。

例如,选择饭店时,Exploitation 是去最喜欢的饭店,Exploration 是尝试一家新的饭店。在线广告投放时,Exploitation 是显示最成功的广告,Exploration 则是显示一个不同的广告。采油时,Exploitation 是在已知最好的地方采油,Exploration 则是在新的地点采油。玩游戏时,Exploitation 在你相信最好的地方走棋,Exploration 在一个新的尝试性的地方走棋。

在选择策略的过程中,预测表示对未来进行评估,给定一个策略。控制表示对未来进行优化,找到一个最优策略。

4.5.1.2 增强学习的应用

增强学习在机器人控制中得到了广泛的应用。在基于行为的智能机器人控制系统中,机器人是否能够根据环境的变化进行有效的行为选择是提高机器人自主性的关键问题。要实现机器人灵活和有效的行为选择能力,仅依靠设计者的经验和知识是很难获得对复杂和不确定环境的良好适应性的。为此,必须在机器人的规划与控制系统引入学习机制,使机器人能够在与环境的交互中不断增强行为的选择能力。

另外,增强学习在诸如 Atari 游戏、围棋、无人驾驶等领域取得了重大突破,具有代表性的就是贯穿本节的 AlphaGo,它使得增强学习受到人们的普遍关注。

4.5.2 迁移学习

与增强学习类似,迁移学习也是机器学习中的一类学习范式。它主要解决机器学习中的模型迁移问题,即当在一组数据集上使用机器学习算法训练好一个模型后,如何使用这个模型对另外一组不同但是类似的数据进行推断,包括识别、分类、回归等。也就是说,迁移学习主要做的是解决问题 A 的模型,能否也用来解决问题 B。这样一来,人们就可以利用迁移学习来解决原始数据的不同问题。

4.5.2.1 迁移学习的定义

一个域 D 由一个特征空间 X 和特征空间上的边际概率分布 $P(X)$ 组成,其中 $X = x_1, x_2, \cdots, x_n \in X$。对于有很多词袋表征的文档分类,$X$ 是所有文档表征的空间,x_i 是第 i 个单词的二进制特征,X 是一个特定的文档。

给定一个域 $D = \{X, P(X)\}$,一个任务 T 由一个标签空间 y 及一个条件概率分布 $P(Y|X)$ 构成,这个条件概率分布通常是从由特征-标签对 $x_i \in X, y_i \in Y$ 组成的训练数据中学习得到的。在文档分类中,Y 是所有标签的集合[真(True)或假(False)],y_i 要么为真,要么为假。

给定一个源域 D_s,一个对应的源任务 T_s,还有目标域 D_t 以及目标任务 T_t,迁移学习的目标就是:在 $D_s \neq D_t, T_s \neq T_t$ 的情况下,在具备来源于 D_s 和 D_t 的信息时,学习得到目标域 D_t 中的条件概率分布 $P(Y_t|X_t)$。绝大多数情况下,假设可以获得的有标签的目标样本是有限的,有标签的目标样本远少于源样本。

由于域 D 和任务 T 都被定义为元组,所以这些不平衡就会带来 4 个迁移学习的场景。

4.5.2.2 迁移学习的分类

按照迁移学习的数据域与任务,有 4 种分类方式。

给定源域 D_s 和目标域 D_t,其中,$D = \{X, P(X)\}$,并且给定源任务 T_s 和目标任务 T_t,其中 $Y = \{Y, P(Y|X)\}$。源和目标的情况可以 4 种方式变化。

(1) $X_s \neq X_t$。源域和目标域的特征空间不同,例如,文档是用两种不同的语言写的。在自然语言处理的背景下,这通常被称为跨语言适应(cross-lingual adaptation)。

(2) $P(X_s) \neq P(X_t)$。源域和目标域的边缘概率分布不同,例如,两个文档有着不同的主题。这个情景通常被称为域适应(domain adaptation)。

(3) $Y_s \neq Y_t$。两个任务的标签空间不同,例如,在目标任务中,文档需要被分配不同的标签。实际上,这种场景通常发生在场景 4 中,因为不同的任务拥有不同的标签空间,但是拥有相同的条件概率分布,这种情况非常少见。

(4) $P(Y_s|X_s) \neq P(Y_t|X_t)$。源任务和目标任务的条件概率分布不同,例如,源和目标文档在类别上是不均衡的。这种场景在实际中是比较常见的,诸如过采样、欠采样等情况。

4.5.2.3 迁移学习的应用场景

(1) 从模拟中学习。一个典型的迁移学习应用是从模拟中学习。对很多依靠硬件来交互的机器学习应用而言,在现实世界中收集数据、训练模型,要么很昂贵,要么很耗时间,要么太危险。所以最好能以某些风险较小的其他方式来收集数据。

模拟是针对这个问题的首选工具,在现实世界中它被用来实现很多先进的机器学习系统。从模拟中学习并将学到的知识应用在现实世界,因为源域和目标域的特征空间是一样的(仅仅依靠像素),但是模拟和现实世界的边缘概率分布是不一样的,即模拟和目标域中的物体看上去是不同的,尽管随着模拟的逐渐逼真,这种差距会消失。同时,模拟和现实世界的条件概率分布可能是不一样的,因为模拟不会完全复制现实世界中的所有反应,例如,一个物理引擎不会完全模仿现实世界中物体的交互。

从模拟中学习有利于让数据收集变得更加容易,因为物体可以容易地被限制和分析,同时实现快速训练,学习可以在多个实例之间并行进行。因此,需要与现实世界进行交互的大规模机器学习项目的先决条件,如自动驾驶汽车。

(2) 域适应。域适应在视觉中是一个常规的需求,因为标签信息易于获取的数据和实际关心的数据经常是不一样的,无论涉及识别自行车还是自然界中的其他物体。即使训练数据和测试数据看起来是一样的,训练数据仍然可能包含人类难以察觉的偏差,而模型能够利用这种偏差在训练数据上实现过拟合。

另一个常见的域适应场景涉及适应不同的文本类型:标准的自然语言处理工具(如词性标签器或者解析器)一般都是在诸如华尔街日报这种新闻数据上进行训练,这种新闻数据在过去都是用来评价这些模型的。然而,在新闻数据上训练出的模型面临挑战,难以应对更加新颖的文本形式,如社交媒体信息。

(3) 跨语言迁移知识。迁移学习的另一个应用是将知识从一种语言迁移到另一种语言。可靠的跨语言域的方法会允许借用大量已有的英文标签数据,并将其应用在任何一种语言中,尤其是对没有足够服务且真正缺少资源的语言。以 zero-shot 学习方法进行翻译为例,此方法在该域取得了快速的进步。

(4) 深度学习的微调。迁移学习目前最热门的应用当属在深度学习中的微调(fine-tuning)。微调的意思是稍微调整一下。由于深度学习需要大量样本,训练时间较长,每次从头开始训练往往耗费大量的时间。例如,

ImageNet 是一个千万级的图像数据集,需要很长时间来训练。但是如果仅仅用来识别一些特定的目标,如汽车型号等,就可以基于已训练好的 ImageNet 模型来做。通常来说,对模型初始化时,将原有的 ImageNet 已经训练好的模型作为新模型的初始参数,然后在此模型上继续训练,从而得到微调的结果。这样就利用上了之前模型的训练结果,从而得到新模型的结果。

第 5 章 专家系统

专家控制系统用计算机模拟控制领域专家对复杂对象控制过程的智能决策行为,它区别于传统控制的显著特点是基于知识的控制,知识包括理论知识、专家控制经验、规则等。在智能控制领域,专家控制系统(expert systems)简称专家系统,它是一类典型的知识工程系统。随着人工智能科学的高速发展,专家控制系统优先得到了控制科学家们的重视,发展也十分迅速,目前已经成为智能控制领域应用最为广泛的重要分支之一。

5.1 概述

专家控制系统的起源可以追溯到 20 世纪 60 年代,1965 年美国斯坦福大学研制出了 DENDRAL,这是世界上第一个专家控制系统。自此而后,专家控制系统得到了控制科学界的高度重视,在短短 20 年的时间里,各个专业领域都积极组织专业控制人员开展适用于自身专业应用的专家控制系统,获得了丰硕的成果。近年来,在计算机技术发展的推动下,专家控制系统的开发与应用取得了更大的突破,为其所服务的各个行业领域都带来了十分可观的经济效益。

从根本原理上看,每一个学科专家控制系统都是将与该学科相关的大量专业知识和经验有效地集成起来,凭借人工智能技术强大的自学习、自适应能力,模仿该行业专家或专业人员进行推理或判断,从而获得与人脑相差较小或无差别的决策结果,为该行业复杂问题提供有效的解决方案。由此看来,大量的知识与经验是专家控制系统功能发挥作用的根本决定因素,而如何将大量知识和经验表达出来并加以运用,是设计专家控制系统的关键所在。当然,专家控制系统并不能简单地与传统的计算机程序相等同,对于待解决的问题,专家控制所提供的算法往往只能获得一些比较模糊但可以协助问题解决的方案,而不是精确的解决方案。

如图 5.1 所示,给出了一个专家系统的简易结构示意图。一般地,专家系统由知识库、数据库、推理机、解释器及知识获取器 5 个部分组成。限于本书篇幅,这里不再赘述各部分的具体功能。

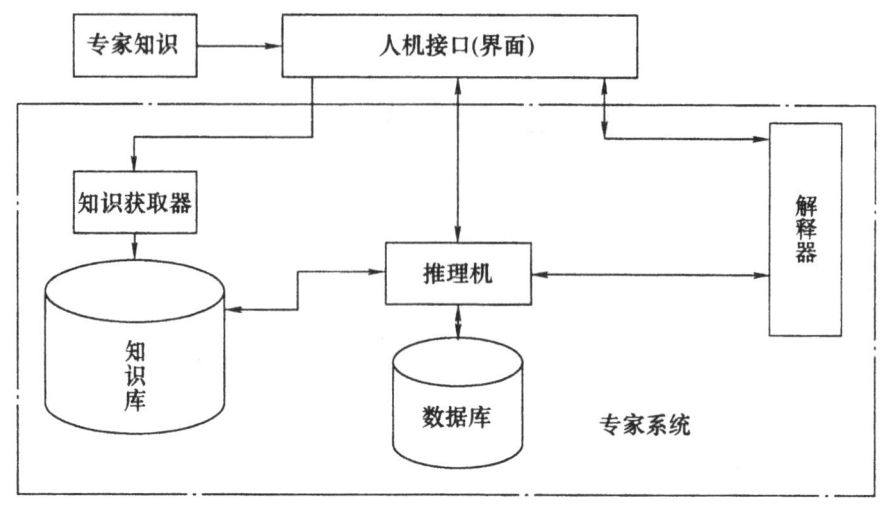

图 5.1 专家系统结构

5.2 专家系统的结构与工作原理

5.2.1 专家控制系统的结构

就目前的发展状况来看,专家控制系统应用十分广泛,结构比较灵活,并没有统一的体系结构。如图 5.2 所示,给出了目前最流行的一类专家控

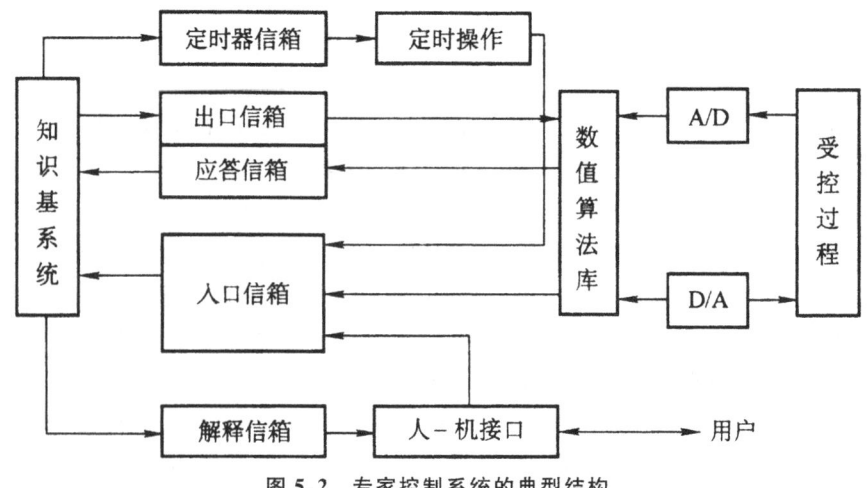

图 5.2 专家控制系统的典型结构

制系统的结构示意图。接下来,我们就以图 5.2 给出的体系结构,对专家控制系统的系统结构及原理展开讨论。

5.2.2　专家控制系统的工作原理

一般地,专家控制系统可以分为 3 个并发运行的子过程,这个在图 5.2 中已经清晰地给出,分别是知识基系统、数值算法库和人-机接口。同时,我们还可以看出,在图 5.2 中,系统通过出口、入口、应答、解释和定时器 5 个信箱来完成 3 个运行子过程之间的通信。

系统的控制器由位于下层的数值算法库和位于上层的知识基系统两大部分组成。数值算法库包含 3 种算法程序,分别是控制算法程序、辨识算法程序和监控算法程序,这些程序拥有最高的优先权,可以直接作用于受控过程。通常系统首先要获取知识基系统的配置命令,同时还要获取测量信号,在二者准备完毕之后,系统将按照控制算法程序计算控制信号。对于绝大多数的专家控制系统而言,每次允许运行的控制算法程序一般只有一种。另外,从某种意义上看,辨识算法和监控算法充当滤波器或特征抽取器的功能,主要作用是从数值信号流中抽取特征信息。由此可见,专家控制系统通常是按照传统控制方式运行的,只有当运行状况发生变化的时候,才会向知识基系统发送指令,从而进入智能控制过程。

知识基系统位于系统上层,对数值算法进行决策、协调和组织,包含有定性的启发式知识,进行符号推理,按专家系统的设计规范编码,通过数值算法库与受控过程间接相连,连接的信箱中有读或写信息的队列。如图 5-3 所示,给出了专家控制系统内部过程的通信功能。

一般地,人-机接口子过程传播两类命令。一类是面向数值算法库的命令,如改变参数或改变操作方式;另一类是指挥知识基系统去做什么的命令,如跟踪、添加、清除或在线编辑规则等。

5.3　专家系统的设计与开发

5.3.1　专家控制系统的设计与应用

专家控制系统的设计与应用实例很多,在这里,我们以工业上生产纸张的专家智能控制为例来展开讨论分析。

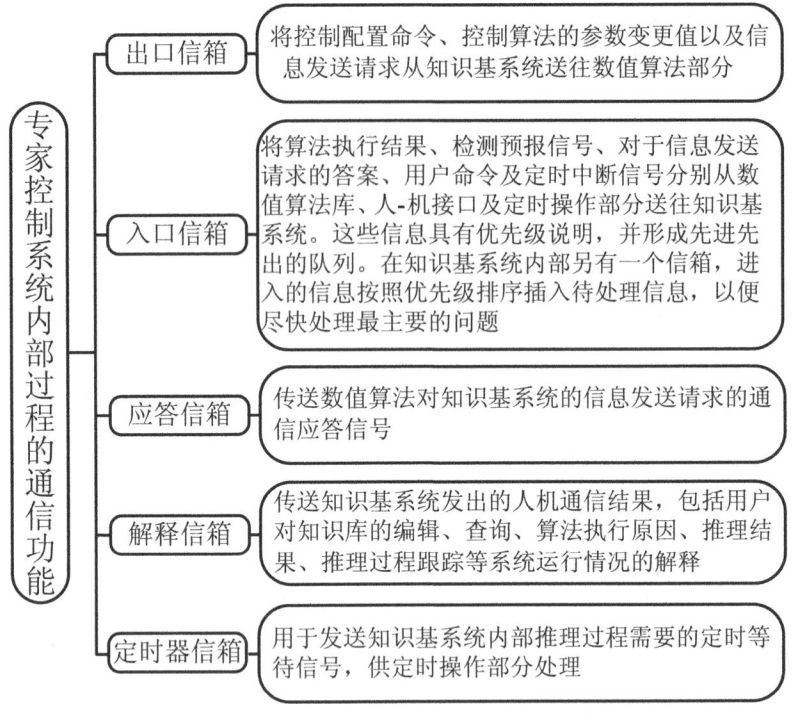

```
专家控制系统内部过程的通信功能
├─ 出口信箱 ── 将控制配置命令、控制算法的参数变更值以及信息发送请求从知识基系统送往数值算法部分
├─ 入口信箱 ── 将算法执行结果、检测预报信号、对于信息发送请求的答案、用户命令及定时中断信号分别从数值算法库、人-机接口及定时操作部分送往知识基系统。这些信息具有优先级说明，并形成先进先出的队列。在知识基系统内部另有一个信箱，进入的信息按照优先级排序插入待处理信息，以便尽快处理最主要的问题
├─ 应答信箱 ── 传送数值算法对知识基系统的信息发送请求的通信应答信号
├─ 解释信箱 ── 传送知识基系统发出的人机通信结果，包括用户对知识库的编辑、查询、算法执行原因、推理结果、推理过程跟踪等系统运行情况的解释
└─ 定时器信箱 ── 用于发送知识基系统内部推理过程需要的定时等待信号，供定时操作部分处理
```

图 5.3　专家控制系统内部过程的通信功能

5.3.1.1　造纸过程简述

工业上生产纸张的过程非常复杂，涉及许多物理和化学变化，如果某一环节控制不当，极有可能造成很大的损失。仔细分析纸张的生产工艺流程，我们可以将其分为两步，即制浆和造纸。在造纸过程中，纸页的定量和纸页的水分是两个最重要的控制对象。原因主要有两个方面：一方面，纸页的定量和纸页的水分对纸张的质量和成品率具有十分重要的影响；另一方面，合理地控制纸页的水分，并且有效进行纸页定量，使得生产成本大幅度降低。

从控制的角度分析，造纸过程具有以下特点：

（1）造纸过程的数学模型难以确定且时常变化。

（2）干扰因素众多。在纸张制造的整个过程中，对制造系统构成严重影响的因素很多，而且这些因素往往具有很强的不确定性，容易随时间的变化而变化。实践经验表明，影响纸面的定量和水分主要因素包括纸浆浓度、蒸汽压力、白水压力、环境温度、纸机车速、环境湿度、毛布的脱水能力、烘缸温度等。

（3）纸页的定量和水分两量间相互影响，形成一个具有耦合的多变量系统。调节纸浆流量不仅影响纸页的定量，也影响纸页的水分；同样，调节蒸汽流量不仅影响纸页的水分，还影响纸页的定量，因此，在控制上要综合考虑。

(4) 过程的动态特性不仅时间常数大,且纯滞后时间也很长,这主要是由于造纸工艺过程长而造成的。

5.3.1.2 造纸过程的专家智能控制

根据造纸过程这一被控对象复杂而又难以控制的特点,为了充分发挥计算机的潜力,汲取人的丰富经验及智能特性,可以采用专家智能控制方案。

要想研究造纸过程的专家智能控制,第一步就应该分析造纸过程的经验与知识,即研究其知识库结构。因为只有将纸张制造过程的知识库有效地建立起来,才能在其基础上进一步搭建适用于造纸过程的专家智能控制系统。一般地,造纸过程的专家智能控制主要包括如下两个方面:

(1) 知识获取。顾名思义,所谓知识获取,就是广泛收集纸张制造过程中的知识与经验。一般地,造纸过程的有关知识和经验主要由造纸工人、造纸工艺工程师、造纸过程控制人员所掌握。要想获取这些知识,主要的途径有两条,一是从相关人员处直接获取,二是通过实地考察而获得。

(2) 知识表达。所谓知识表达,具体就是将所获取的与造纸相关的知识程序化,使之转化为造纸过程的专家智能控制系统的规则,进而使得系统具备智能控制造纸过程的能力。将专家知识程序化的过程称为编码,编码过程最常用的语言有 PROLOG 语言等,而编码后的可运行程序则自然而然地需要存入相关计算机内。为了方便程序化知识的共享,专业人员一般会将其编织为一种名为"知识库"的可共享文件。

如图 5.4 所示,给出了纸张制造过程的知识库结构示意图。这是一个树状结构图,容易看出,纸张制造过程的知识库主要包含 4 个分支,分别是控制单元、操作者、传感器和执行机构。在工程实际中,纸张制造过程的知识库并不可以直接按照图 5.4 来划分,其划分依据一般为系统的块结构。然而,对于纸张制造过程的知识获取、知识表达以及相关问题的集中推理而言,图 5.4 具有十分重要的意义。

由图 5.4 可知,造纸过程的控制单元主要分为 6 个控制子系统,即车速控制、保耳箱液位控制、定量控制、水分控制、浓度控制和扫描架控制系统。接下来,我们分如下几个方面进行讨论。

(1) 对车速比较慢的老式造纸机,其驱动装置采用模拟控制系统进行控制,模拟量速度基准用手动给出。调节车速,能迅速地调节有关纸张的各种物理参量,如定量、水分、白度、强度等。但从工艺角度来讲,车速是不能随便改动的,只有改变产品才准许改动。因此,车速按控制主要是采用模拟控制电路做恒速控制。可以通过测速装置将速度信号引入计算机,作为监控和超前补偿。

```
                            ┌ 模拟控制器 ┬ 车速控制
                            │           └ 保耳箱液位控制
                ┌ 控制单元 ┤ 外部控制信号
                │           │ 数字控制器 ┬ 定量控制
                │           │           └ 水分控制
                │           └ 部件控制器 ┬ 浓度控制
                │                       └ 扫描架控制
                │ 操作者
  树              │           ┌ 旋转式浓度变送器
  状              │           │ β射线定量仪
  知              │ 模拟信号传感器 ┤ 红外线水分仪
  识 ┤ 传感器 ┤           │ 车速传感器
  库              │           └ 烘烤温度传感器
                │           ┌ 流量切换开关
                │ 离散信号传感器 ┤ 限制切换开关
                │           │ 压力切换开关
                │           └ 温度切换开关
                │           ┌ 流量阀 ┬ 浓度调节阀
                └ 执行机构 ┤        └ 定量调节阀
                            └ 蒸汽压力阀 ┬ 水分调节主阀
                                         └ 水分调节副阀
```

图 5.4　树状知识库结构

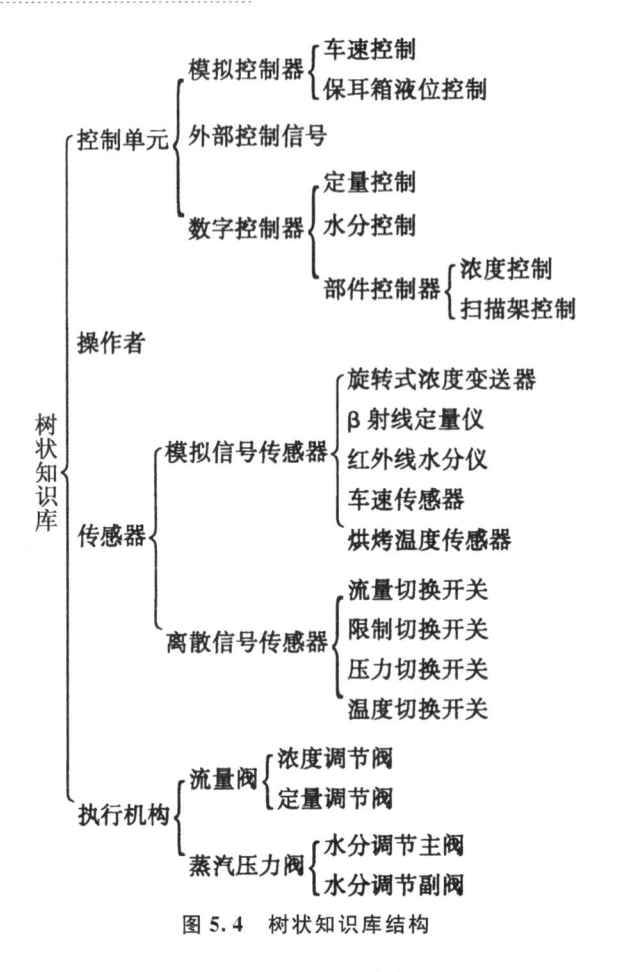

（2）保耳箱液位控制系统是防止浆拉空现象的重要装置，它的工作原理是通过机械式比例调节来实现其功能，调节方式相对简单。这里，我们先对浆拉空现象进行简要介绍。我们容易发现，适当地关小流量阀，就可以有效减小进入保耳箱的浆量。但是，起稀释作用的白水并没有减少，这样一来，液位高度将无法保存，纸张的质量将可能受到严重的影响，而这种现象就是所谓的浆拉空现象。理论和实践都可以很容易地表明，当浆拉空现象发生时，只需适当加大稀释白水的流量，其影响就可以明显缓解。在造纸过程的专家智能控制系统中，人们通常利用规则"if 车速保持恒定 and 定量阀没有大的变化 and 定量突然有大的波动 and 定量仪工作正常 then 保耳箱可能浆拉空"来判断浆拉空现象是否发生。

（3）浓度控制和扫描架控制可分别采用单片机进行单元式控制，它们与主系统（定量、水分控制）是相互独立的。

(4) 如图 5.5 所示,给出了造纸过程的专家智能控制的定量和水分控制系统示意图。

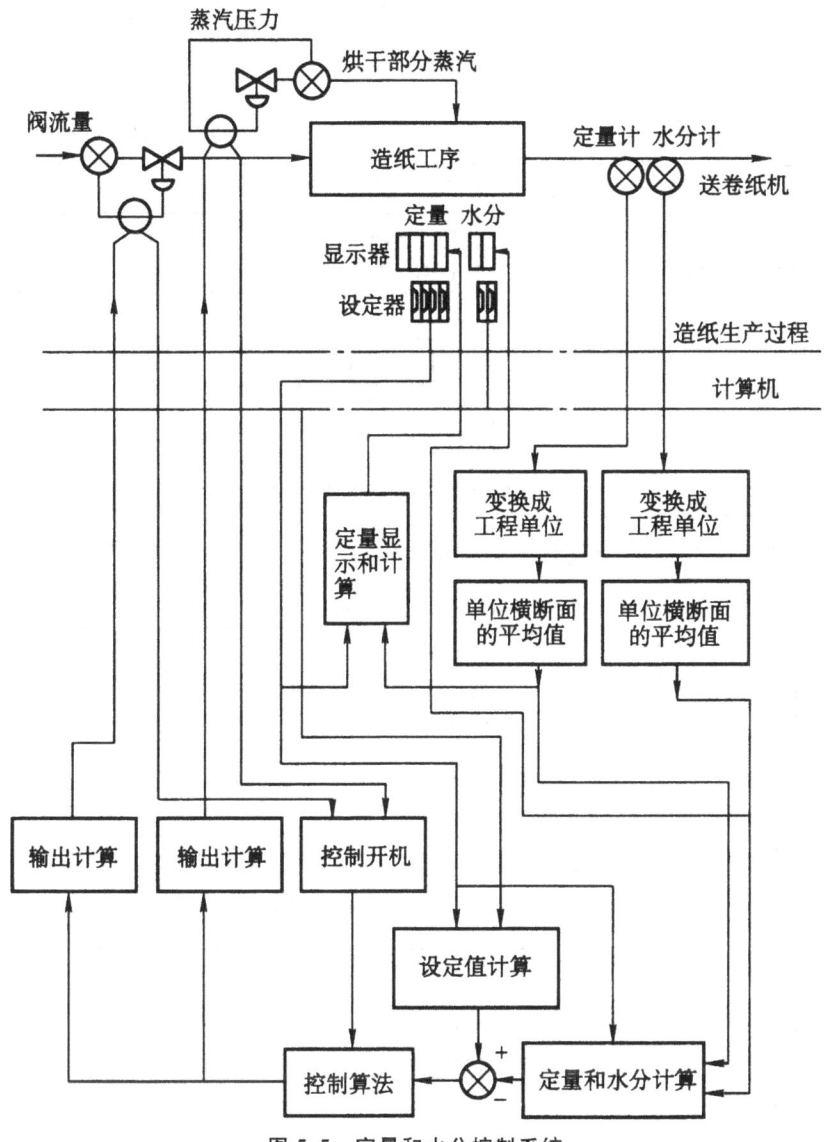

图 5.5 定量和水分控制系统

如图 5.6 所示,给出了这个动作过程的程序结构。程序可由专家系统进行管理,如果外部条件可以通过中断而给出,则操作系统程序可以使各种功能程序良好地按顺序动作。如图 5.7 所示,列出了定量和水分控制系统的各种功能程序。

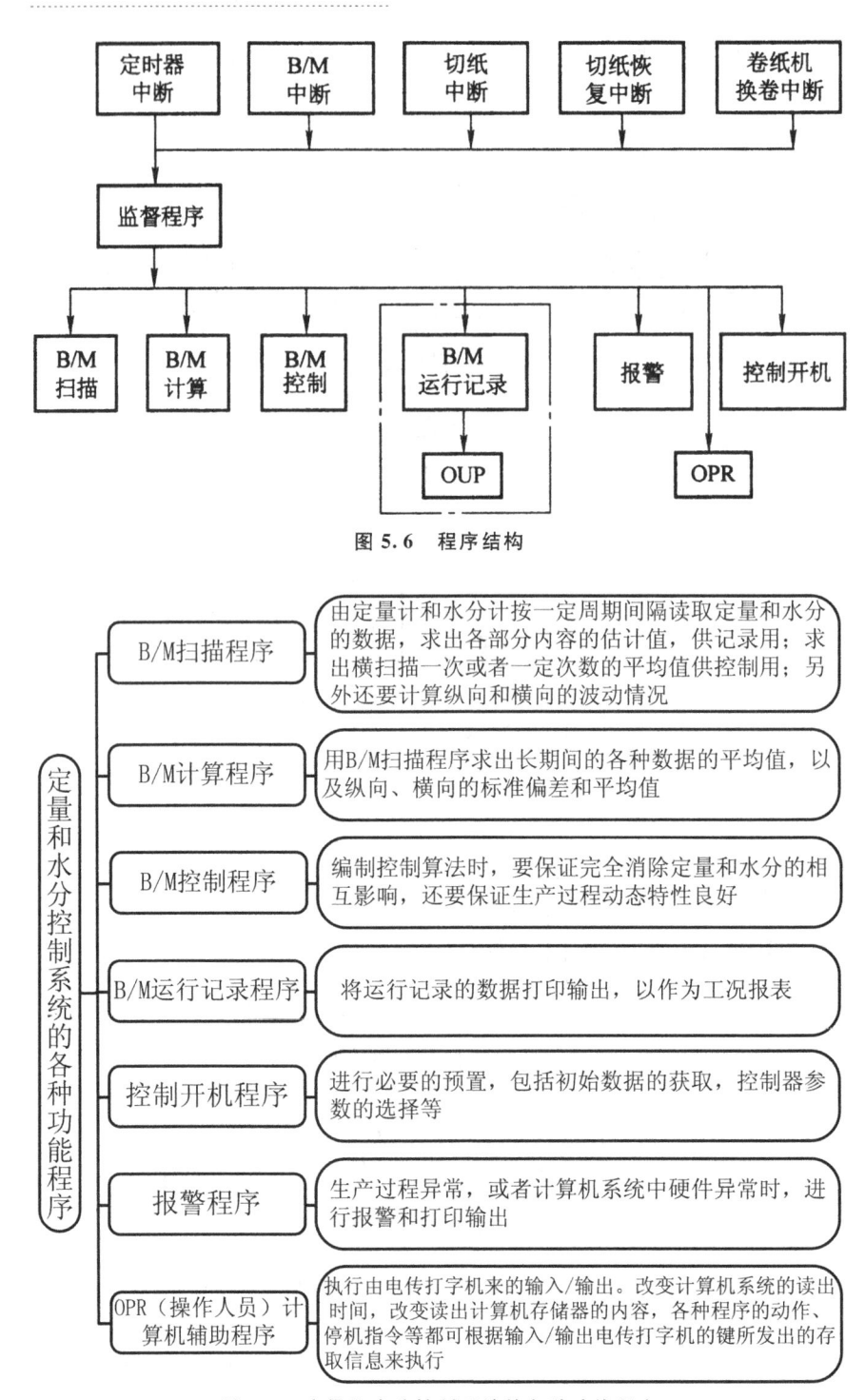

```
┌──────┐  ┌──────┐  ┌──────┐  ┌──────┐  ┌──────┐
│定时器│  │ B/M  │  │切纸  │  │切纸恢│  │卷纸机│
│中断  │  │中断  │  │中断  │  │复中断│  │换卷中断│
└──┬───┘  └──────┘  └──────┘  └──────┘  └──────┘
   │
   ▼
┌──────┐
│监督程序│
└──┬───┘
```

图 5.6　程序结构

图 5.7　定量和水分控制系统的各种功能程序

程序	说明
B/M扫描程序	由定量计和水分计按一定周期间隔读取定量和水分的数据，求出各部分内容的估计值，供记录用；求出横扫描一次或者一定次数的平均值供控制用；另外还要计算纵向和横向的波动情况
B/M计算程序	用B/M扫描程序求出长期间的各种数据的平均值，以及纵向、横向的标准偏差和平均值
B/M控制程序	编制控制算法时，要保证完全消除定量和水分的相互影响，还要保证生产过程动态特性良好
B/M运行记录程序	将运行记录的数据打印输出，以作为工况报表
控制开机程序	进行必要的预置，包括初始数据的获取，控制器参数的选择等
报警程序	生产过程异常，或者计算机系统中硬件异常时，进行报警和打印输出
OPR（操作人员）计算机辅助程序	执行由电传打字机来的输入/输出。改变计算机系统的读出时间，改变读出计算机存储器的内容，各种程序的动作、停机指令等都可根据输入/输出电传打字机的键所发出的存取信息来执行

5.3.2 专家控制系统的开发工具与开发环境

为了加速专家系统的建造、缩短研制周期、提高开发效率,专家系统的开发工具与开发环境应运而生。到现在已有数以百计的各种各样的专家系统开发工具投入使用。常用的有面向 AI 的程序设计语言、知识表示语言、外壳系统、组合式构造工具、EST 工具等。目前,国内外已有的专家系统开发环境有 AGE,KEE 等。AGE 是斯坦福大学研制的一个专家系统开发环境。它是一种典型的模块组合式开发工具。随着计算机软件开发方法向工具化方向的迅猛发展,应用工具与环境开发知识系统已是必然。所以,研制知识系统开发工具与开发环境,也是当前和今后的一个热门课题。然而,知识系统开发工具实际上是知识系统技术之集成,其水平是知识工程技术水平的综合反映。所以,知识系统开发工具的功能、性能和技术水平的发展和提高,仍有赖于知识系统本身技术水平的发展和提高。

目前,专家系统的开发工具可以分为 3 种方式:

第一种方式,采用通用的高级程序语言直接编写专家系统的应用程序,常使用的高级编程语言有 C 语言、Pascal 语言、Fortran 语言等。

第二种方式,采用传统的人工智能语言实现,如 Usp、Prolog 语言等。

第三种方式是采用专门专家系统开发工具完成专家系统编程任务,如 Clips 工具等。

当然专门的开发工具也是一些专业人士使用通用的高级语言编写开发而成的。这 3 种开发方式,各有其本身的优缺点。现在,一般专家系统的开发多采用一些具有方便、快捷、开发周期短等诸多优点的专用专家系统开发工具完成。

5.4 专家系统的评价

专家系统的评价是指对建造完成的专家系统原型或初步完成的专家系统的各个性能指标进行全面测试,以检查系统是否达到原先制定的性能标准。

5.4.1 专家系统评价的内容

对专家系统的评价,大致包括 6 个方面的内容,如图 5.8 所示。

一般来讲,评价系统时应根据评价内容的层次,由低到高逐级进行,即先评价系统的性能,后评价系统的灵活性等。例如,若系统的性能很差,评价其他方面就失去了意义。逐级评价的优点是便于确定未能通过评价的原因所在。

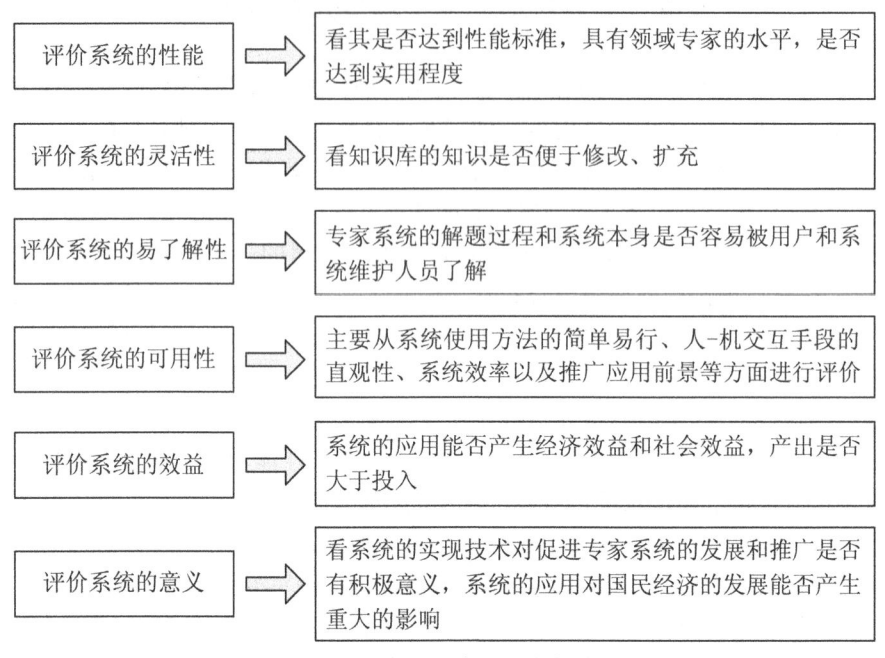

评价系统的性能	⇒	看其是否达到性能标准，具有领域专家的水平，是否达到实用程度
评价系统的灵活性	⇒	看知识库的知识是否便于修改、扩充
评价系统的易了解性	⇒	专家系统的解题过程和系统本身是否容易被用户和系统维护人员了解
评价系统的可用性	⇒	主要从系统使用方法的简单易行、人-机交互手段的直观性、系统效率以及推广应用前景等方面进行评价
评价系统的效益	⇒	系统的应用能否产生经济效益和社会效益，产出是否大于投入
评价系统的意义	⇒	看系统的实现技术对促进专家系统的发展和推广是否有积极意义，系统的应用对国民经济的发展能否产生重大的影响

图 5.8　专家系统评价的内容

5.4.2　专家系统评价的步骤

专家系统的评价一般可分为3个阶段(图5.9)，分别由不同的人员参加。

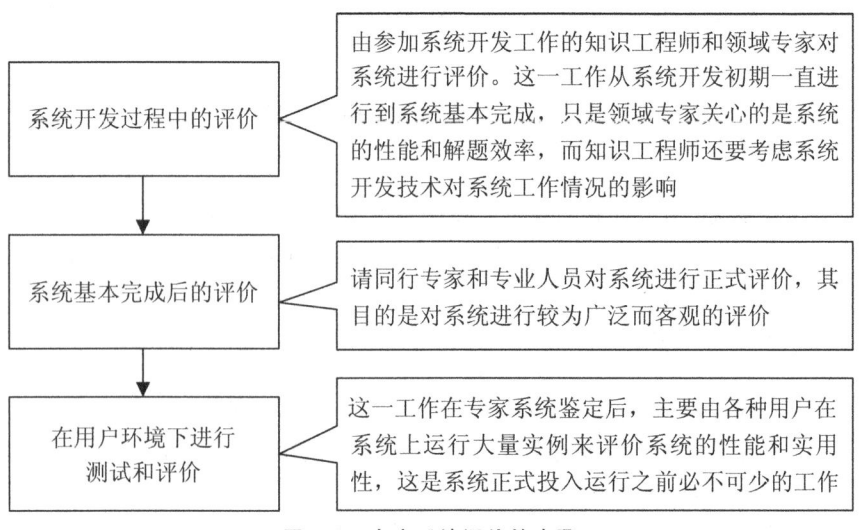

系统开发过程中的评价	—	由参加系统开发工作的知识工程师和领域专家对系统进行评价。这一工作从系统开发初期一直进行到系统基本完成，只是领域专家关心的是系统的性能和解题效率，而知识工程师还要考虑系统开发技术对系统工作情况的影响
系统基本完成后的评价	—	请同行专家和专业人员对系统进行正式评价，其目的是对系统进行较为广泛而客观的评价
在用户环境下进行测试和评价	—	这一工作在专家系统鉴定后，主要由各种用户在系统上运行大量实例来评价系统的性能和实用性，这是系统正式投入运行之前必不可少的工作

图 5.9　专家系统评价的步骤

5.5 新型专家系统

随着互联网应用的快速发展,专家系统在传统的基于规则的基础上,涌现出一些新型专家系统,有模糊专家系统和神经网络专家系统、深层知识专家系统、大型协同分布式专家系统、事务处理专家系统、基于互联网的专家系统等。这些新型专家系统应用于诸多领域,不断取得创新成果,预示着专家系统的无限未来。

第6章 推荐系统

信息爆炸与大数据技术的普及,都促进了个性化推荐技术的快速发展。因此,本章对推荐系统(推荐系统的算法、混合推荐系统、基于深度学习的推荐模型等)进行了较为深入的研究。

6.1 概述

所谓推荐系统,简言之就是根据用户的偏好推荐其最有可能感兴趣的内容。以新闻平台为例,过去主要以新浪新闻这类中心化内容平台为代表;而现在,以今日头条为代表的新闻 APP 均在首页根据用户偏好推送不同内容的定制化新闻,推动了整个行业向个性化推荐转型。在淘宝、京东、亚马逊等电商网站的首页都设有"猜你喜欢"专区,根据用户最近浏览和购买的行为记录推荐商品。

据数据科学中心 Data Science Central 统计,对于像亚马逊和 Netflix 这样的主要电子商务平台,推荐系统可能会承担多达 10%～25% 的增量收入。在新兴的短视频领域,以抖音和快手为代表的 APP 以推荐为流量分发的主要手段。在互联网金融领域,各大平台也开始主打针对个人定制化的千人千面投资推荐。毫无疑问,个性化推荐已成为所有新闻、视频、音频、电商、互联网金融等相关平台的标配。面对日益增长的推荐系统需求,推荐系统相关人才的稀缺愈加凸显。

6.2 推荐系统的算法

6.2.1 基于内容的推荐算法

基于内容的推荐系统本质是对内容进行分析,建立特征;基于用户对何种特征的内容感兴趣以及分析一个内容具备什么特征来进行推荐。

6.2.1.1 基于内容的推荐算法流程

通常来说，物品都有一些关于内容的分类，例如，书籍有科技、人文、工具等分类，电影有战争、爱情、喜剧等分类，商品有食物、衣物、家电等分类。而基于内容的推荐，就是根据这些物品的内容属性和用户历史评分或操作记录，计算出用户对不同内容属性的爱好程度，再根据这些爱好推荐其他相同属性的物品。下面将基于内容的推荐算法归纳为以下 4 个步骤。

(1) 特征(内容)提取。提取每个待推荐物品的特征(内容属性)，例如，上文提到的电影、书籍、商品的分类标签等。

(2) 用户偏好计算。利用一个用户过去的显式评分或者隐式操作记录，计算用户不同特征(内容属性)上的偏好分数。计算偏好分数的方法，可以直接使用统计特征，即计算用户在不同标签下的分数。在某些推荐场景下，对时间比较敏感，用户的兴趣迁移比较快，在计算偏好得分的时候会增加时间因子。

(3) 内容召回。将待推荐物品的特征与用户偏好得分匹配，取出用户最有可能喜欢的物品池。

(4) 物品排序。按用户偏好召回物品池，可能一次性挑选出很多内容，这时我们可以进一步根据这些电影的平均分进行排序。

通过以上 4 步，就可以快速构建一个推荐系统。并且基于内容的推荐方法用户易于理解，简单有效，常常和其他推荐方法共同应用于推荐系统中。

6.2.1.2 基于内容推荐的特征提取

真实推荐系统中待推荐的物品往往会有一些用以描述它的特征。这些特征通常可以分为结构化特征与非结构化特征两种。

结构化特征就是特征的取值限定在某个区间范围内，并且可以按照定长的格式来表示。

非结构化的特征往往无法按固定格式表示，最常见的非结构化数据就是文章。例如，对推荐文章，我们往往会把文本上的非结构化特征转化为结构化特征，然后加入模型中使用。下面就来讨论如何把非结构化的文字信息结构化。

例如，N 个待推荐文章的集合为 $D = \{d_1, d_2, d_3, \cdots, d_N\}$，而所有文章中出现的词的集合为 $T = \{t_1, t_2, t_3, \cdots, t_m\}$，下面将其称为词典(对于英文文本，可直接取单词；对于中文文章，需要先进行分词，常用的开源分词工具有结巴分词、中科院分词等)。也就是说，我们有 N 篇待推荐的文章，而这

些描述里包含了 m 个不同的词。我们最终要使用一个向量来表示每一篇文章,例如,第 j 篇文章表示为 $d_j = (w_{1j}, w_{2j}, \cdots, w_{nj})$,其中 w_{1j} 表示第一个词 t_{1j} 在第 j 篇文章中的权重,该值越大表示越重要;d_j 中其他向量的解释类似。所以,现在关键就是如何计算 d_j 各分量的值了。有以下几种常见的计算方法。

(1) 基础统计法。例如,如果词 t_1 出现在第 j 篇文章中,可以选取 w_{1j} 为 1;如果 t_1 没有出现在第 j 篇文章中,选取 w_{1j} 为 0。也可以选取 w_{1j} 为词 t_1 出现在第 j 个商品描述中的次数。

(2) 词频统计法。基础统计法,只考虑了词 t_i 是否出现在某一篇文章中,并没有考虑其整体出现的频次。例如,词 k 是"我们",第 j 篇文章包含这个词,则 w_{kj} 取 1。但这个词其实并没有信息量,因为很多文章包含了"我们",w_{kj} 都会取 1。所以通常会引入词频-逆文档频率(term frequency-inverse document frequency,TF-IDF)。第 j 篇文章与词典里第 k 个词对应的 TF-IDF 为

$$\text{TF} - \text{IDF}(t_k, d_j) = \text{TF}(t_k, d_j) \cdot \lg \frac{N}{n_k}$$

式中:$\text{TF}(t_k, d_j)$ 为第 k 个词在第 j 个商品描述中出现的次数,出现的次数越多,代表该词越重要,从而 TF 值越大;n_k 为包括第 k 个词的文章数量,n_k 越少,代表该词越稀有,越能代表这篇文章,从而 TF 值越大。最终第 k 个词在文章 j 中的权重由下面的公式获得

$$w_{k,j} = \frac{\text{TF} - \text{IDF}(t_k, d_j)}{\sqrt{\sum_{s=1}^{T} \text{TF} - \text{IDF}(t_k, d_j)^2}}$$

做归一化的好处是不同文字描述的表示向量被归一到一个量级上,便于下面步骤的操作。这时我们已经获得每篇文章的内容特征向量,形如 $d_j = (w_{1j}, w_{2j}, \cdots, w_{nj})$,下一步就可以计算用户的内容偏好,比较直接的做法就是取用户喜欢文章的向量平均值。假设用户 k 喜欢第 1、3、7 篇文章,则该用户的内容特征向量为

$$U_k = \frac{d_{k1} + d_{k3} + d_{k7}}{3} = (u_{1k}, u_{2k}, \cdots, u_{nk})$$

那么用户 k 在文章 t 上的得分则可用以下余弦公式计算

$$\text{score} = \cos\theta = \frac{U_k \cdot d_t}{\|U_k\| \|d_t\|} = \frac{\sum_{i=1}^{n}(u_{ik} \times w_{it})}{\sqrt{\sum_{i=1}^{n} u_{ik}^2} \times \sqrt{\sum_{i=1}^{n} w_{it}^2}}$$

在实际项目中,我们并不需要自己定义余弦计算方法,可以直接调用

numpy.linalg 完成向量的计算。numpy.linalg 模块包含线性代数的函数。使用这个模块，可以计算逆矩阵、求特征值、解线性方程组以及求解行列式等。

6.2.2 基于协同的推荐算法

在推荐系统中基于内容的推荐往往会和其他方法混合使用。目前来说，推荐系统中最常见的算法就是基于邻域的算法。基于邻域的推荐算法可以分为两大类，一类是基于用户的协同过滤；另一类是基于物品的协同过滤。

6.2.2.1 基于用户的协同算法

基于用户的协同过滤，是先计算用户 U 与其他的用户的相似度，然后取和 U 最相似的几个用户，把他们购买过的物品推荐给用户 U 在当当网的页面上，同样有类似的应用。

为了计算用户相似度，我们首先要把用户购买过物品的索引数据转化成物品被用户购买过的索引数据，即物品的倒排索引，如图 6.1 所示。

建立好物品的倒排索引后，就可以根据相似度公式计算用户之间的相似度

$$w_{ab} = \frac{|N(a) \bigcap N(b)|}{\sqrt{N(a) * N(b)}}$$

式中：$N(a)$ 为用户 a 购买物品的数量；$N(b)$ 为用户 b 购买物品的数量；$N(a) \bigcap N(b)$ 为用户 a 和 b 购买相同物品的数量。

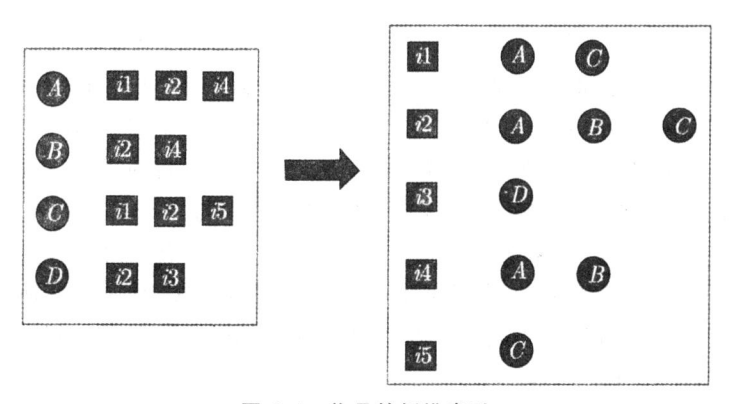

图 6.1 物品的倒排索引

有了用户的相似数据，针对用户 U 挑选 K 个最相似的用户，在他们购

买过的物品中,把 U 未购买过的物品推荐给用户 U 即可。如果有评分数据,可以针对这些物品进一步打分,打分的原理与基于物品的推荐原理类似,公式如下

$$p_{ui} = \sum_{N(i) \cap S(u,k)} w_{vu} \text{score}_{vu}$$

式中:$N(i)$ 为物品 i 被购买的用户集合;$S(u,k)$ 为用户 u 的相似用户集合,挑选最相似的用户 k 个,将重合的用户 v 在物品 i 上的得分乘以用户 u 和 v 的相似度,累加后得到用户 u 对于物品 i 的得分。

6.2.2.2 基于物品的协同算法

基于物品的协同过滤算法的核心思想是:给用户推荐那些和他们之前喜欢的物品相似的物品。例如,当当网在每本书的销售页面下方都有相似商品的推荐。不同于基于内容的推荐,基于物品的协同过滤中的相似主要是利用了用户行为的集体智慧。

基于物品的协同算法首先计算物品之间的相似度,计算相似度的方法有以下几种。

(1) 基于共同喜欢物品的用户列表计算。例如,上面当当网给出的理由是"经常一起购买"。通过公式计算一起购买的方法为

$$w_{ij} = \frac{|N(i) \cap N(j)|}{\sqrt{N(i) * N(j)}}$$

式中:$N(i)$ 为购买物品 i 的用户数;$N(j)$ 为购买物品 j 的用户数;$N(i) \cap N(j)$ 为同时购买物品 i 和物品 j 的用户数。

可见,上述的公式的核心是计算同时购买这两本书的人数比例。同时购买这两个物品人数越多,他们的相似度也就越高。另外,需要注意的是,在分母中我们用了物品总购买人数做惩罚,也就是说,某个物品可能很热门,导致它经常会被和其他物品一起购买,所以除以它的总购买人数,来降低它和其他物品的相似分数。下面举例来说明,如图 6.2 所示,用户 A 对物品 i_1、i_2、i_4 有购买行为,用户 B 对物品 i_2、i_4 有购买行为等。

构造一个 $N \times N$ 的矩阵 C,存储物品两两同时被购买的次数。遍历每个用户的购买历史,当 i 和 j 两个物品同时被购买时,则在矩阵 C 中 (i,j) 的位置上加 1。当遍历完成时,则可得到共现次数矩阵 C,如图 6.3 所示。其中,$C[i][j]$ 记录了同时喜欢物品 i 和物品 j 的用户数,这样就可以得到物品之间的相似度矩阵 W。在上面的例子中 $(i1,i2)$、$(i2,i4)$ 这两个相似物品分别被 2 个用户同时购买过,即共线次数为 2。

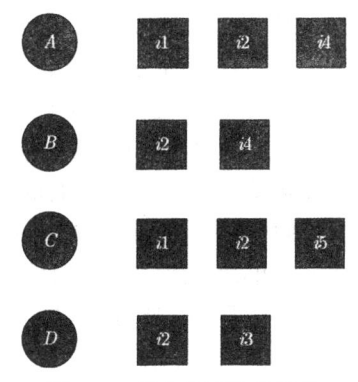

图 6.2 用户购买物品记录

（2）基于余弦的相似度计算。上面的方法计算物品相似度是直接使用同时购买这两个物品的人数。但是也有可能存在用户购买了但不喜欢的情况。所以若数据集包含了具体的评分数据，则可进一步把用户评分引入相似度计算中。可利用上节提到的余弦公式计算任意两本书的相似度，公式如下：

$$w_{i,j} = \cos\theta = \frac{N_i \cdot N_j}{\|N_i\| \|N_j\|} = \frac{\sum_{k=1}^{len}(n_{ki} \times n_{kj})}{\sqrt{\sum_{k=1}^{len} n_{ki}^2} \times \sqrt{\sum_{k=1}^{len} n_{kj}^2}}$$

式中：n_{ki} 为用户 k 对物品 i 的评分，若没有评分，则为 0。

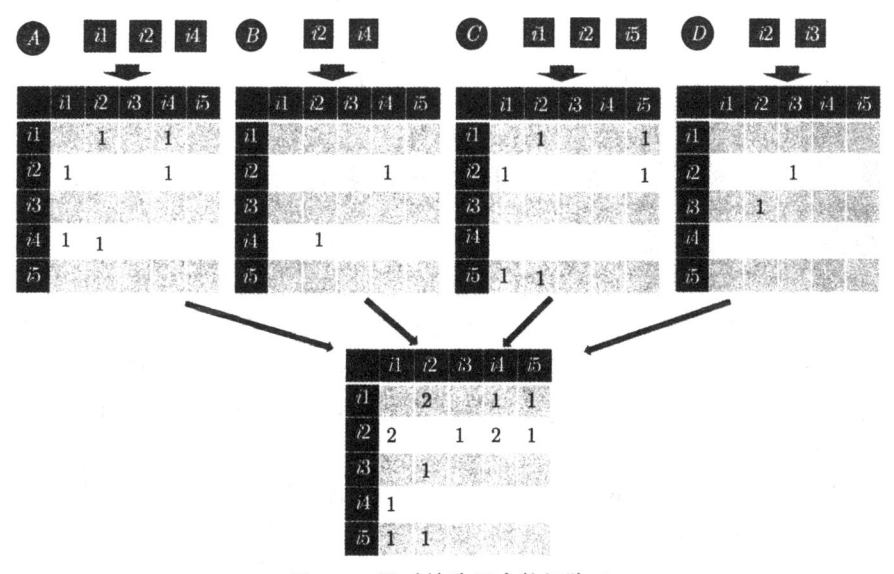

图 6.3 同时被购买次数矩阵 C

(3)热门物品的惩罚。从相似度计算公式中可以发现,当物品 i 被更多人购买时,分子中的 $N(i) \cap N(j)$ 和分母中的 $N(i)$ 都会增长。对于热门物品,分子 $N(i) \cap N(j)$ 的增长速度往往高于 $N(i)$,这就会使得物品 i 和很多其他的物品相似度偏高,这就是 ItemCF 中的物品热门问题。推荐结果过于热门,会使得个性化感知下降。以歌曲的相似度为例,大部分用户都会收藏《卡路里》这些热门歌曲,从而导致《卡路里》出现在很多的相似歌曲中。为了解决这个问题,我们对于热门物品 i 进行惩罚,如下式,当 $\alpha \in (0, 0.5)$ 时,$N(i)$ 越小,惩罚得越厉害,从而会使热门物品相关性分数下降。

$$w_{ij} = \frac{|N(i) \cap N(j)|}{|N(i)|^{\alpha} * |N(j)|^{1-\alpha}}$$

在得到物品之间的相似度后,进入第二步。按如下公式计算用户 u 对一个物品 i 的预测分数:

$$p_{ui} = \sum_{N(u) \cap S(j,k)} w_{ji} \text{score}_{ui}$$

式中:$S(j, k)$ 为物品 j 相似物品的集合,通常来说,j 的相似物品集合是相似分数最高的 k 个,参照上面计算得出的相似分数;score_{ui} 为用户对已购买的物品 i 的评分,若没有评分数据,则取 1。若待打分的物品和用户购买过的多个物品相似,则将相似分数相加,相加后的得分越高,则用户购买可能性越大。例如,用户购买过《明朝那些事儿》(评分 0.9 分)和《品三国》(评分 0.5 分),而《鱼羊野史》和《明朝那些事儿》的相似分数是 0.3 分,《鱼羊野史》和《品三国》的相似分数是 0.1 分,则用户在《鱼羊野史》上的分数则为 0.32 分(0.9×0.3+0.5×0.1)。这时找出与用户喜欢的物品相似度高的 $topN$ 个,也就是分数最高的 N 个作为推荐的候选。

6.3 混合推荐系统

6.2 节介绍了几种主流的推荐方法,它们在推荐时利用的信息和采用的框架各不相同,在各自的领域表现出来的效果也各有千秋。每种方法各有利弊,没有一种方法利用了数据的所有信息,因此,我们希望构建一种混合(Hybrid)推荐系统,来结合不同算法的优点,并克服前面提到的缺陷,以提高推荐系统的可用性。

从混合技术上看,Robin Burke 在其不同混合推荐算法设计方案的调研报告中将其分为加权型、切换型、交叉型、瀑布型、特征组合型、特征递增型和元层次型。

6.3.1 加权型混合推荐

加权型混合推荐是利用不同的推荐算法生成的候选结果,进行进一步的加权组合,生成最终的推荐排序结果。

例如,最简单的组合是将预测分数进行线性加权。P-Tango 系统利用了这种混合推荐,初始化时给基于内容和协同过滤推荐算法同样的权重,根据用户的评分反馈进一步调整算法的权重。

Pazzani 提出的混合推荐系统未使用数值评分进行加权,而是利用各个推荐方法对数据结果进行投票,利用投票结果得到最终的输出。

加权混合推荐系统的优点是可以利用简单的方式对不同的推荐结果进行组合,提高推荐精度,也可以根据用户的反馈进行方便的调整。但是在数据稀疏的情况下,相关的推荐方法无法获得较好的结果,该系统往往不能取得较高的提升。同时,由于进行多个方法的计算,系统复杂度和运算负载都较高。在工业界实际系统中,往往采用一些相对简单的方案。

6.3.2 切换型混合推荐

切换型混合推荐是根据问题的背景和实际情况来使用不同的推荐技术,通常需要一个权威者根据用户的记录或者推荐结果的质量来决定在哪种情况下应用哪种推荐系统。

例如,DailyLearner 系统使用基于内容和基于协同过滤的切换混合推荐,系统首先使用基于内容的推荐技术,若不能产生高可信度的推荐,则再尝试使用协同过滤技术;NewsDude 系统则首先基于内容进行最近邻推荐,若找不到相关报道,就引入协同过滤系统进行跨类型推荐。

综上,可以看出,不同的系统往往采用不同的切换策略,切换策略的优化为这种方法的关键因素。由于不同算法的打分结果标准不一致,所以需要根据情况进行转化,这也会增加算法的复杂度。

6.3.3 交叉型混合推荐

交叉型混合推荐的主要动机是保证最终推荐结果的多样性。因为不同用户对同一件物品的着眼点各不相同,而不同的推荐算法,生成的结果代表了一类不同的观察角度所生成的结果。交叉型混合推荐将不同推荐算法的生成结果,按照一定的配比组合在一起,打包后集中呈现给用户。

例如，可以构建这样一个基于 Web 日志和缓存数据挖掘的个性化推荐系统，该系统首先通过挖掘 Web 日志和缓存数据构建用户多方面的兴趣模式，然后根据目标用户的短期访问历史与用户兴趣模式进行匹配，采用基于内容的过滤算法，向用户推荐相似网页，同时，通过对多用户间的协同过滤，为目标用户预测下一步最有可能的访问页面，并根据得分对页面进行排序，附在现行用户请求访问页面后推荐给用户。

交叉型混合推荐需要注意结果组合时的冲突解决问题，通常会设置一些额外的约束条件来处理结果的组合展示问题。

6.3.4 瀑布型混合推荐

瀑布型混合推荐采用过滤的设计思想，将不同的推荐算法视为不同粒度的过滤器，尤其是面对待推荐对象（Item）和所需的推荐结果数量相差极为悬殊时，往往非常适用。

例如，EntreeC 餐馆推荐系统，首先利用知识基于用户已有的兴趣进行推荐，后面利用协同过滤再对上面生成的推荐进行排序。

设计瀑布型混合系统中，通常会将运算速度快、区分度低的算法排在前列，逐步过渡为重量级的算法，这样的优点是充分运用不同算法的区分度，让宝贵的计算资源集中在少量较高候选结果的运算上。

6.3.5 特征组合型混合推荐

特征组合型混合推荐是将来自不同推荐数据源的特征组合，由一种单一的推荐技术使用。数据是推荐系统的基础，一个完善的推荐系统，其数据来源也是多种多样的。从这些数据来源中可以抽取出不同的基础特征。

以用户兴趣模型为例，我们既可以从用户的实际购买行为中，挖掘出用户的"显式"兴趣，也可以从用户的点击行为中，挖掘用户的"隐式"兴趣；另外，从用户分类、人口统计学分析中，也可以计算出用户兴趣；若有用户的社交网络，那么也可以了解周围用户对该用户兴趣的投射，等等。而且从物品（Item）的角度来看，也可以挖掘出不同的特征。

不同的基础特征可以预先进行组合或合并，为后续的推荐算法所使用。特征组合的混合方式使得系统不再仅仅考虑单一的数据源，所以它降低了用户对项目评分数量的敏感度。

6.3.6 特征递增型混合推荐

特征递增型混合推荐,即将前一个推荐方法的输出作为后一个推荐方法的输入。这种方法上一级产生的并不是直接的推荐结果,而是为下一级的推荐提供某些特征。

典型的例子是将聚类分析环节作为关联规则挖掘环节的预处理:聚类所提供的类别特征,被用于关联规则挖掘中,例如,对每个聚类分别进行关联规则挖掘。

6.3.7 元层次型混合推荐

元层次型混合推荐是将不同的推荐模型在模型层面上进行深度的融合。例如,User-Based 方法和 Item-Based 方法的一种组合方式是,先求目标物品的相似物品集,然后删掉所有其他的物品(在矩阵中对应的是列向量),在目标物品的相似物品集上采用 User-Based 协同过滤算法。这种基于相似物品的邻居用户协同推荐方法,能很好地处理用户多兴趣下的个性化推荐问题,尤其是候选推荐物品的内容属性相差很大的时候,该方法性能会更好。

上述类型的混合方式可以按处理流程分为以下 3 类。

(1)整体式混合推荐系统。整体式混合推荐系统的实现方法是通过对算法进行内部调整,可以利用不同类型的输入数据,得到可靠的推荐输出,上述特征组合型混合推荐、特征递增型混合推荐和元层次型混合推荐属于此种类型,如图 6.4 所示。

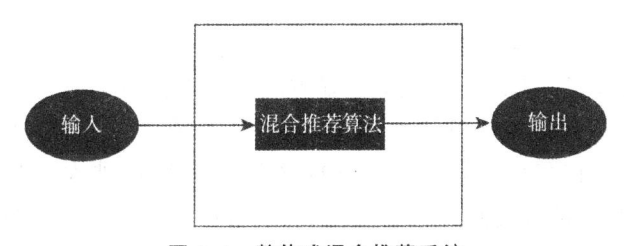

图 6.4 整体式混合推荐系统

(2)并行式混合推荐系统。并行式混合推荐系统利用混合机制将不同推荐系统的结果进行集成,上述加权型混合推荐、切换型混合推荐和交叉型混合推荐属于此种类型,如图 6.5 所示。

（3）流水线式混合推荐系统。流水线式混合推荐系统利用多个流程顺序作用产生推荐结果，上述瀑布型混合推荐属于此种类型，如图6.6所示。

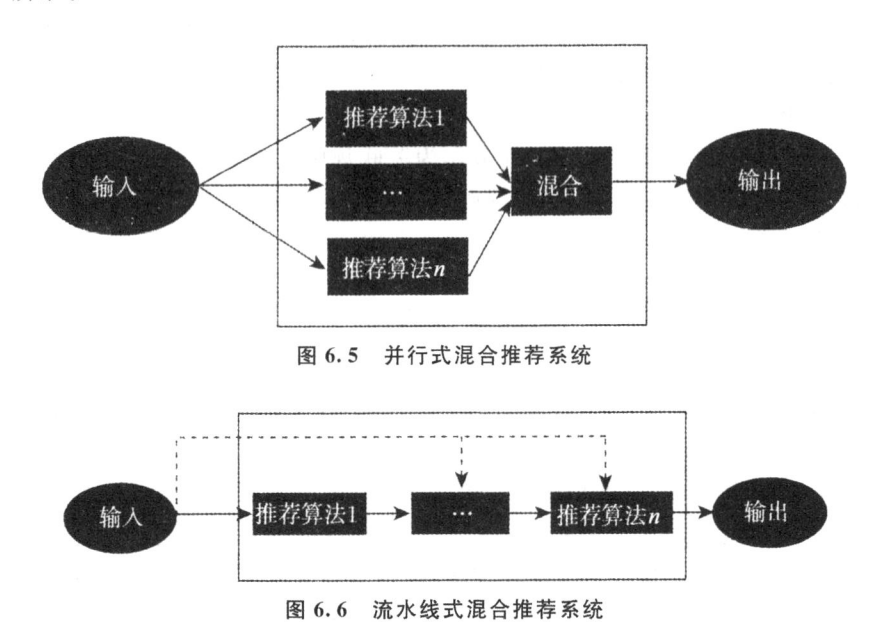

图6.5 并行式混合推荐系统

图6.6 流水线式混合推荐系统

6.4 基于深度学习的推荐模型

6.4.1 基于循环网络的推荐算法

传统的推荐系统，如基于协同过滤的推荐算法等，都假设用户偏好和电影属性是静态的，但本质上，它们是随着时间的推移而缓慢变化的。例如，一部电影的受欢迎程度可能由外部事件所改变或者用户的兴趣随年龄的增长而改变，在传统的算法系统中，这些问题往往被大家所忽视。如图6.7(a)所示是与时间无关的推荐系统，用户偏好和电影属性都是静态的，评分数据来自分布 $p(r_{ij}|u_i,m_j)$。相反，如图6.7(b)所示是与时间有关的推荐系统，用户和电影都采用马尔科夫链建模，评分数据来自分布 $p(r_{ij|t}|u_{i|t},m_{j|t})$。

除了时序问题，很多传统的推荐算法使用未来的评分数据来预测当前的电影偏好。例如，过去十分著名的Netflix竞赛，也有类似问题，它们并没有按照时间来划分训练和测试集,而是把数据集随机打乱,用插值的方法来预测评分。在一定程度上,它们都违背了统计分析中的因果关系,因此那些研究成果很难应用到实际场景中。

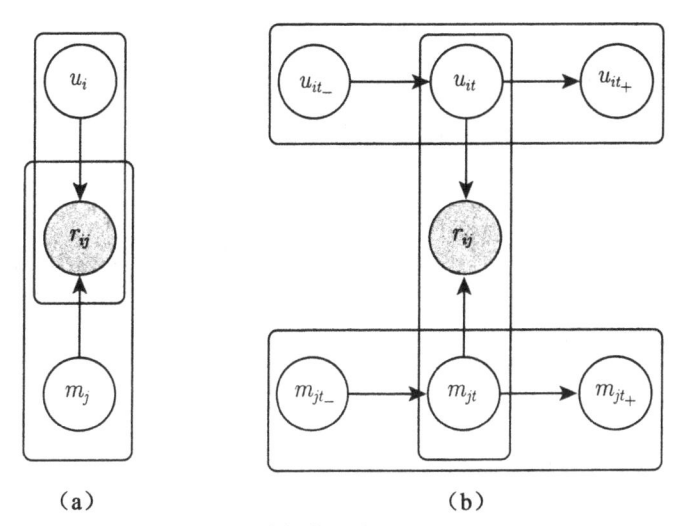

图 6.7 时间无关的推荐系统和时间相关的推荐系统

通常有许多方法可以解决时序和因果问题,例如,马尔科夫链模型、指数平滑模型等方法。马尔科夫链通常采用消息传递或者粒子滤波的方式求解,例如,基于时序的蒙特卡洛采样方法等,这些方法只能求出近似解,也不适合用于海量数据集。

进一步,数据科学家提出基于循环神经网络分别对用户和电影的时序性建模,该方法也满足统计分析中的因果关系,根据历史的评分数据预测将来的用户偏好。如图 6.8 所示,通过两个循环神经网络分别对用户和电影的时序性建模,用户的隐藏状态依赖于用户在当前时刻对电影的评分 $y_{i,t-1}$ 和前一时刻用户的状态,电影的隐藏状态依赖于当前时刻其他用户对这部电影的评分 $y_{j,t-1}$ 以及前一时刻电影的状态。此外,该模型还结合了通过矩阵分解得到的用户和电影的静态属性 u_i 和 m_j。

具体来说,假定 u_{it} 和 m_{jt} 分别为用户 i、电影 j 在第 t 时刻的隐藏状态。那么用户 i 在第 t 时刻对电影 m 的评分可以写成:

$$\hat{r}_{ijt} = f(u_{it}, m_{jt}, u_i, m_j) \\ = \langle \hat{u}_{it}, \hat{m}_{jt} \rangle + \langle u_i, m_j \rangle$$

式中:$\hat{u}_{it}$ 和 $\hat{m}_{jt}$ 可以当成 u_{it} 和 m_{jt} 的仿射变换,可以写成:

$$\hat{u}_{it} = W_{usr} u_{it} + b_{usr}$$

$$\hat{m}_{jt} = W_{mov} m_{jt} b_{mov}$$

式中：u_{it} 和 m_{jt} 分别为用户 i、电影 j 在第 t 时刻的隐藏状态，通过长短时记忆网络（LSTM）建模：

$$u_{it} = \text{LSTM}(u_{i,t-1}, y_{it})$$
$$m_{jt} = \text{LSTM}(m_{j,t-1}, y_{jt})$$

式中：y_{it} 和 y_{jt} 分别为用户 i 和电影 j 在第 t 时刻的输入，可以写成：

$$y_{it} = W_a [x_{it}, 1_{\text{new-usr}}, \tau_t, \tau_{t-1}]$$
$$y_{jt} = W_b [x_{jt}, 1_{\text{new-mov}}, \tau_t, \tau_{t-1}]$$

式中：$1_{\text{new-usr}} = 1$ 和 $1_{\text{new-mov}} = 1$ 分别为新用户和新电影；τ_t 为第 t 时刻的时钟；W_a 和 W_b 分别是用户和电影的参数投影矩阵；$x_{it} \in \mathbf{R}^V$ 表示用户 i 在第 t 时刻看过电影的评分，V 为电影数量；$x_{jt} \in \mathbf{R}^U$ 表示在第 t 时刻所有用户对电影 j 的评分，U 为用户数量。

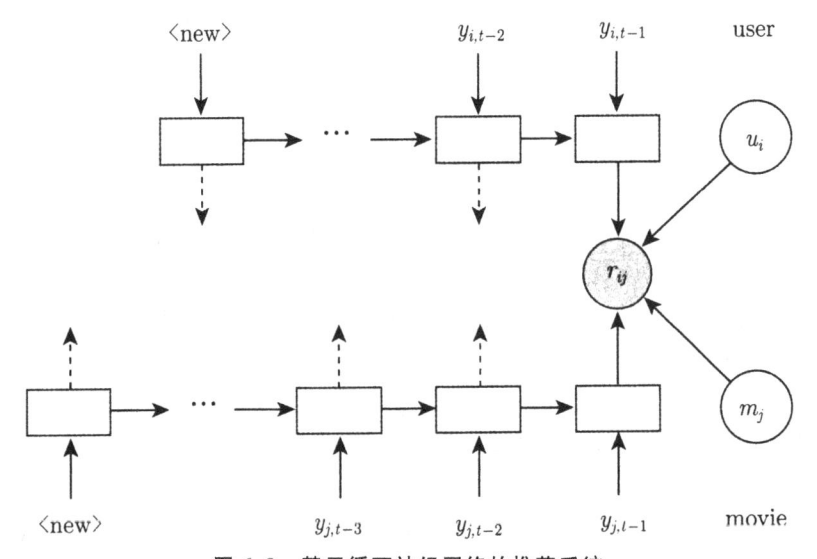

图 6.8 基于循环神经网络的推荐系统

模型参数可以通过优化下面的目标函数求出：

$$\min_{\theta} \sum_{(i,j,t)} (r_{ijt} - \hat{r}_{ijt})^2 + R(\theta)$$

式中：$R(\theta)$ 为模型的正则化项。

6.4.2　基于矩阵分解和图像特征的推荐算法

近年来，基于上下文环境的推荐系统引起了大家的广泛关注。这些

第6章 推荐系统

上下文环境包括电影的属性、用户画像特征、电影的评论等。研究人员希望通过这些附加信息来缓解评分数据稀疏等问题,对于那些没有评分数据的电影,可以基于上下文环境来推荐,从而进一步提升推荐系统的质量。

研究人员观察到一个非常有趣的现象,电影的海报和一些静止帧图片能提供许多有价值的附加信息。因此,研究人员认为应该把视觉特征作为附加信息用于提升推荐系统的质量。为此,提出了一种基于矩阵分解和图像特征的推荐算法。

具体来说,假定有稀疏偏好矩阵 $\boldsymbol{X} \in \boldsymbol{R}^{m \times n}$,其中 m 为用户的数量,n 为商品的数量。矩阵 $\boldsymbol{X}$ 里的每个元素 x_{uv} 代表用户 u 对商品 v 的偏好。若用户 u 对商品 v 没有点评,则 $x_{uv}=0$。I 是所有能观察到的 (u,v) 集合。在基于评分的推荐系统里,偏好定义成离散的数值 $[1,2,\cdots,5]$,分数越高代表偏好越强。我们用 χ_v 表示电影 v 的海报,用 ψ_v 代表多张静止帧图片。模型的目标是基于用户 u 的历史评分数据预测用户 u 对电影 v 的偏好 $\hat{x}_{uv}$,可以写成:

$$\hat{x}_{uv} = \mu + b_u + b_v + \boldsymbol{U}_{*u}^{\mathrm{T}}(\boldsymbol{V}_{*v} + \eta) \tag{6-1}$$

式中:$\boldsymbol{U}_{*u}$ 为用户 u 的偏好向量;$\boldsymbol{V}_{*v}$ 为电影 v 的偏好向量;μ 为总评分偏置项;b_u 和 b_v 分别为用户 u 和电影 v 的偏置项;η 为电影的视觉特征,可以写成:

$$\eta = \frac{\|N(\theta,v)\|^{-\frac{1}{2}} \sum_{s \in N(\theta,v)} \theta_{sv} \hat{\chi}_s}{\varphi(v)}$$

式中:θ_{sv} 为电影 v 和 s 的相似度;$N(\theta,v)$ 为相似度大于 θ 的电影集合;$\varphi(v)$ 为缩放因子,表示海报和静止帧图片的一致性;$\hat{\chi}_s$ 为海报和多张静止图片的组合,可以写成:

$$\hat{\chi}_s = (\chi_v, \psi_v)$$

式中:χ_v 为电影 v 的海报;ψ_v 为多张静止帧图片,并通过下列模型提取图像特征。

式(6-1)里的参数,可以通过优化下面的目标函数求出:

$$\min_{b_*,W_*,\theta_*,U_*,V_*} \sum_{(u,v)} (\lambda_1 b_u^2 + \lambda_2 W_{*v}^2 + \lambda_3 \|U_{*u}\|^2 + \lambda_4 \|V_{*v}\|^2 + \lambda_5 \theta_{sv}^2$$
$$(x_{uv} - \mu - b_u - W_{*v}^{\mathrm{T}} \psi_v - U_{*u}^{\mathrm{T}}(V_{*v} + \eta))^2)$$

为了简化符号,定义 $e_{uv} = x_{uv} - \hat{x}_{uv}$。对于每个用户和电影对 (u,v),参数可以通过下面公式来更新:

$$b_u = b_u + \lambda_1(e_{uv} - \lambda_1 b_u)$$
$$W_{*v} = W_{*v} + \lambda_2(e_{uv}\psi_v - \lambda_2 W_{*v})$$

$$U_{*u} = U_{*u} + \lambda_3 [e_{uv}(V_{*v} + \eta) - \lambda_3 U_{*u}]$$

$$V_{*v} = V_{*v} + \lambda_4 (e_{uv} U_{*u} - \lambda_4 V_{*v})$$

$$\forall s \in N(\theta, v):$$

$$\theta_{sv} = \theta_{sv} + \lambda_5 (e_{uv} U_{*u} | N(\theta, v) |^{-\frac{1}{2}} \hat{\chi}_s - \lambda_5 \theta_{sv})$$

式中：$\{\lambda_1, \lambda_2, \cdots, \lambda_5\}$ 为优化算法的学习步长。

第7章 自然语言处理

语言是人类有别于其他动物的一个重要标志。自然语言是区别于形式语言或人工语言(如逻辑语言和编程语言等)的人际交流的口头语言(语音)和书面语言(文字)。自然语言作为人类表达和交流思想最基本和最直接的工具,在人类社会活动中到处存在。婴儿呱呱落地的第一声啼哭,就是用语言(声音)向全世界表达(宣布)自己的降临。现在手机微信对话等,也是语音识别的成果。

7.1 概述

概括而言,人工智能包括运算智能、感知智能、认知智能和创造智能。其中,运算智能是记忆和计算的能力,这一点计算机已经远远超过人类。感知智能是电脑感知环境的能力,包括听觉、视觉和触觉等。近年来,随着深度学习的成功应用,语音识别和图像识别获得了很大的进步,在有的测试集合下,甚至达到或者超过了人类水平,并且在很多场景下已经具备实用化能力。认知智能包括语言理解、知识和推理,其中,语言理解包括词汇、句法、语义层面的理解,也包括篇章级别和上下文的理解;知识是人们对客观事物认识的体现以及运用知识解决问题的能力;推理则是根据语言理解和知识,在已知的条件下根据一定规则或者规律推演出某种可能结果的思维过程。创造智能体现了对未见过、未发生的事物,运用经验,通过想象力设计、实验、验证并予以实现的智力过程。

目前随着感知智能的大幅度进步,人们的焦点逐渐转向了认知智能。比尔·盖茨曾说过,"语言理解是人工智能皇冠上的明珠"。自然语言理解处在认知智能最核心的地位,它的进步会引导知识图谱的进步,会引导用户理解能力的增强,也会进一步推动整个推理能力。自然语言处理的技术会推动人工智能整体进展,从而使得人工智能技术可以落地实用化。

自然语言处理通过对词、句子、篇章进行分析,对内容里面的人物、时间、地点等进行理解,并在此基础上支持一系列核心技术(如跨语言的翻译、问答系统、阅读理解、知识图谱等)。基于这些技术,又可以把它应用到其他领域,如搜索引擎、客服、金融、新闻等。总之,就是通过对语言的理解实现人跟电脑的直接交流,从而实现人跟人更加有效的交流。自然语言技术不是一个独立的技术,受云计算、大数据、机器学习、知识图谱等各个方面的支撑(如图7.1所示)。自然语言处理(NLP)是人工智能的一个分支,用于分析、理解和生成自然语言,以方便人和计算机设备进行交流,以及人与人之间的交流。

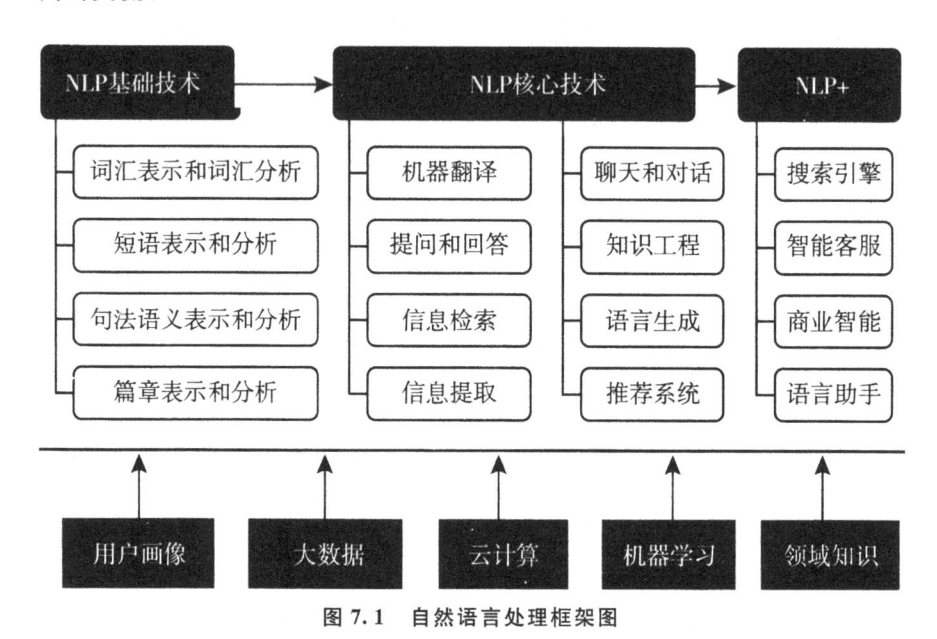

图 7.1 自然语言处理框架图

这里通过一个例子介绍自然语言处理中4个最基本的任务——分词、词性标注、依存句法分析和命名实体识别。在图7.2给定中文句子输入"我爱自然语言处理";分词模块负责将输入汉字序列切分成单词序列,在该例子中对应的输出是"我/爱/自然语言处理"。该模块是自然语言处理中最底层和最基础的任务,其输出直接影响后续的自然语言处理模块。词性标注模块负责为分词结果中的每个单词标注一个词性,如名词、动词和形容词等。在该例子中对应的输出是"PN/VV/ NR"。这里,PN表示第一个单词"我",对应的词性是代词;VV表示第二个单词"爱",对应的词性是动词;NR表示第三个单词"自然语言处理",对应的词性是专有名词。依存句法分析负责预测句子中单词与单词间的依存关系,并用树状结构来表示整句的句法结构。在这里,root表示单词"爱"是整个句子对应依存句法树的根节点,依存关系nsubj表示单词"我"是单词"爱"对应的主语,依存关系dobj表示单词"自然语言处理"是单词"爱"对应的宾语。命名实体识别负责从文本中识

第 7 章　自然语言处理

别出具有特定意义的实体,如人名、地名、机构名、专有名词等。在该例子中对应的输出是"O/O/B"。其中,字母 O 表示前两个单词"我"和"爱"并不代表任何命名实体,字母 B 表示第三个单词"自然语言处理"是一个命名实体。

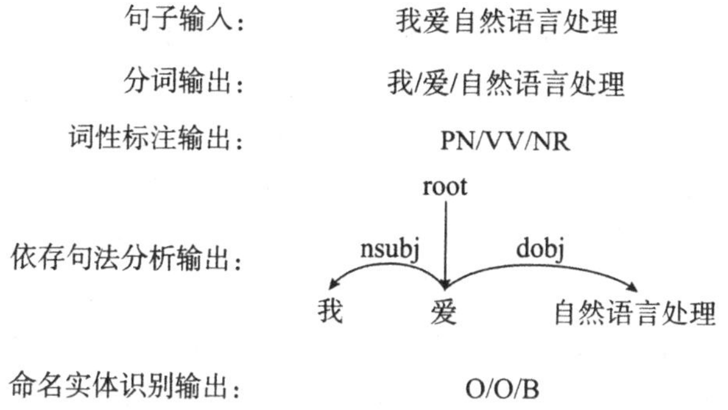

```
句子输入：         我爱自然语言处理
分词输出：         我/爱/自然语言处理
词性标注输出：      PN/VV/NR
                        root
                  nsubj    dobj
依存句法分析输出：  我    爱    自然语言处理
命名实体识别输出：         O/O/B
```

图 7.2　自然语言处理示例

自然语言处理(NLP)的历史几乎跟计算机和人工智能(AI)一样长,计算机出现后就有了人工智能的研究。人工智能的早期研究已经涉及机器翻译以及自然语言理解,基本分为 3 个阶段：

第一阶段(20 世纪 60～80 年代)：基于规则来建立词汇、句法语义分析、问答、聊天和机器翻译系统。好处是规则可以利用人类的内省知识,不依赖数据,可以快速起步;问题是覆盖面不足,像个玩具系统,规则管理和可扩展一直没有解决。

第二阶段(20 世纪 90 年代开始)：基于统计的机器学习(ML)开始流行,很多 NLP 开始用基于统计的方法来做。主要思路是利用带标注的数据,基于人工定义的特征建立机器学习系统,并利用数据经过学习确定机器学习系统的参数。运行时利用这些学习得到的参数,对输入数据进行解码,得到输出。机器翻译、搜索引擎都是利用统计方法获得了成功。

第三阶段(2008 年之后)：深度学习开始在语音和图像发挥威力。随之,NLP 研究者开始把目光转向深度学习。先是把深度学习用于特征计算或者建立一个新的特征,然后在原有的统计学习框架下体验效果。比如,搜索引擎加入了深度学习的检索词和文档的相似度计算,以提升搜索的相关度。自 2014 年以来,人们尝试直接通过深度学习建模,进行端对端的训练。目前已在机器翻译、问答、阅读理解等领域取得了进展,出现了深度学习的热潮。

深度学习技术根本地改变了自然语言处理技术,使之进入崭新的发展阶段,主要体现在以下几个方面：①神经网络的端对端训练使自然语言处理技术不需要人工进行特征抽取,只要准备好足够的标注数据(如机器翻译的双语对照语料),利用神经网络就可以得到一个现阶段最好的模型;②词嵌入(word embedding)的思想使得词汇、短语、句子乃至篇章的表达可以在大规模语料上进行训练,得到一个在多维语义空间上的表达,使得词汇之间、短语之间、句子之间乃至篇章之间的语义距离可以计算;③基于神经网络训练的语言模型可以更加精准地预测下一个词或一个句子的出现概率;④循环神经网络(RNN、LSTM、GRU)可以对一个不定长的句子进行编码,描述句子的信息;⑤编码-解码(encoder-decoder)技术可以实现一个句子到另外一个句子的变换,这个技术是神经机器翻译、对话生成、问答、转述的核心技术;⑥强化学习技术使得自然语言系统可以通过用户或者环境的反馈调整神经网络各级的参数,从而改进系统性能。

随着大数据、深度学习、计算能力、场景等的推动,预计在未来 5～10 年,NLP 会进入爆发式的发展阶段,从 NLP 基础技术到核心技术再到 NLP＋ 的应用都会取得巨大进步。比如,口语翻译会完全普及,拿起手机→口语识别→翻译、语音合成实现一气呵成的体验;自然语言会话(包括聊天、问答、对话)在典型的场景下完全达到实用;自动写诗、新闻、小说和歌曲开始流行。自然语言尤其是会话的发展会大大推动语音助手、物联网、智能硬件和智能家居的实用化,这些基本能力的提升一定会带动各行各业如教育、医疗、法律等垂直领域的生产流程。人类的生活发生重大的变化,NLP 也会惠及更多的人。

然而,还有很多需要解决的问题。比如个性化服务,无论是翻译、对话还是语音助手,都要避免千人一面的结果,要实现内容个性化、风格个性化、操作个性化,要记忆用户的习惯,避免重复提问。目前基于深度学习的机制都是端对端训练,不能解释、无法分析机理,需要进一步发展深度学习的可理解和可视化,可跟踪错误分析原因。很多领域有人类知识(如翻译的语言学知识、客服的专家知识),如何把数据驱动的深度学习与知识相互结合以提高学习效率和学习质量,是一个值得重视的课题。此外,在一个领域学习的自然语言处理模型(如翻译系统)如何通过迁移学习来很好地处理另一个领域?如何巧妙运用无标注数据来有效缓解对标注的压力?以上这些工作都是研究者需要持续努力的方向。

7.2 词法分析

词法分析的主要任务是要找出词汇的各个词素,从中获得语言信息。在英语等语言中,找出句子中的一个个词汇是一件容易的事情,因为词与词之间是用空格分隔的。但要找出各词素就复杂得多,如 importable 可以是 im-port-able,也可以是 import-able。这是因为 im、port、import 都是词素。而在汉语中要找出一个个词素则是一件容易的事,因为汉语中的每个字都是一个词素。但要切分出各词就比较困难。例如,"我们研究所有计算机"可以是"我们/研究/所有/计算机",也可以是"我们/研究所/有/计算机"。

通过词法分析可以从词素中获得许多语言学信息。例如,英语中词尾的词素"s"通常表示名词复数或动词第三人称单数;"ed"通常是动词的过去时与过去分词;"ly"是副词的后缀等。另一方面,一个词又可以变化出许多别的词,如 work 可以变化出 works、worked、working、worker 等。这些信息对于词法分析都是十分重要的。

以英语为例,其词法分析的基本算法如下:

repeat
look for word in dictionary
if not found
then modify the word
until word is found or no further modification possible

其中,word 是一个变量,其初始值就是当前词。

7.3 句法分析

7.3.1 乔姆斯基句法规则的表示方法

7.3.1.1 句子结构的表示

一个句子是由作用不同的各部分组成的,这些部分称为句子成分。句子成分可以是单词,也可以是词组或从句。在句子中起主要作用的句子成分有主语、谓语,起次要作用的有宾语、宾语补语、定语、状语、表语等。在自然语言理解中,一个句子及其句子成分可用一棵树来表示。例如,句子"He wrote a book"可用如图 7.3 所示的树形结构来表示。

```
              句子
             /    \
           主语    谓语
            |    /    \
            |  动词    宾语
            |   |     /  \
           He  wrote  a  book
```
图 7.3 句子的树状结构

从另一个角度看,句子又是由若干词类构成的,如名词、动词、代词、形容词等。在上例中,He 是人称代词,wrote 是动词,a 是冠词,book 是名词。这些词在句子中分别担任了不同的句子成分,构成了一个完整的句子。若从句子的词类来考虑,一个句子也可用一棵树来表示,这种树称为句子的分析树。分析树是一种常用的句子结构表示方法。上例的分析树如图 7.4 所示。

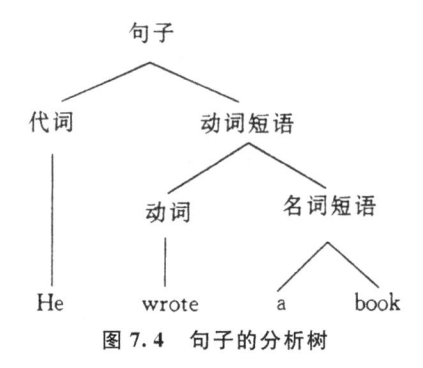

```
              句子
             /    \
           代词   动词短语
            |    /    \
            |  动词   名词短语
            |   |     /    \
           He  wrote  a   book
```
图 7.4 句子的分析树

7.3.1.2 上下文无关文法

上下文无关文法(context free grammar)是乔姆斯基提出的一种能对自然语言语法知识进行形式化描述的方法。在这种文法中,语法知识是用重写规则表示的。作为一个例子,下面给出英语的一个很小的子集,这个英语的子集的上下文无关文法如图 7.5 所示。

在图 7.5 中,作为终结符的有英语单词 the、professor、wrote、book、trains、Jack 及终标符"。"其余均为非终结符,并且在所有非终结符中,"语句"是一个特殊的非终结符,称为起始符。上述文法之所以称为上下文无关,其原因是这些重写规则的左边均为孤立的非终结符,它们可以被右边的符号串替换,而不管左边出现的上下文。

语句→句子　　终标符
句子→名词短语　动词短语
动词短语→动词　名词短语
名词短语→冠词　名词
名词短语→专用名词
冠词→the
名词→professor
动词→wrote
名词 book
动词→trains
专用名词→Jack
终标符→.

图 7.5　一个英语子集的上下文无关文法

每个上下文无关文法都定义了一种语言,这种语言中的所有语句均可以从该文法的起始符开始,经过有限次使用重写规则而得到。

利用图 7.5 所示的上下文无关文法,给出如下语句的文法分析树:

The professor trains Jack.

这是一个符合该文法所定义语言的语句,其文法分析树如图 7.6 所示。

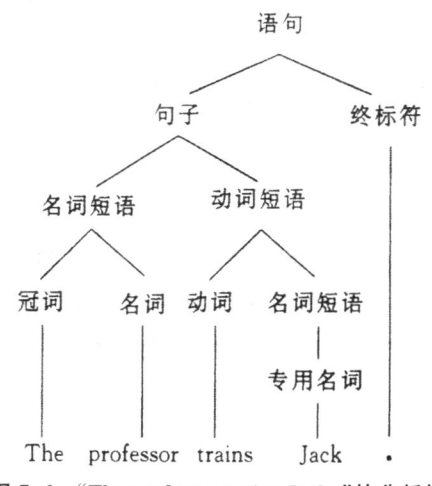

图 7.6　"The professor trains Jack."的分析树

7.3.1.3 变换文法

用上下文无关文法描述自然语言比较方便,也存在一定的局限性。例如,对谓语动词和主语的一致性,以及对主动语句和被动语句不同结构形式的转换等,上下文无关文法都遇到了许多困难。其主要原因是,上下文无关文法反映的仅是一个句子本身的层次结构和生成过程,不可能与其他句子发生关系。自然语言是上下文有关的,句子之间的关系也是客观存在的。为了解决这一类问题,乔姆斯基提出了变换文法(transformational grammar)。变换文法认为,英语句子的结构有深层和表层两个层次。

在变换文法中,句子深层结构和表层结构之间的变换是通过变换规则实现的,变换规则把句子从一种结构变换为另一种结构。图 7.7 给出了一条把主动句变换为被动句的变换规则。

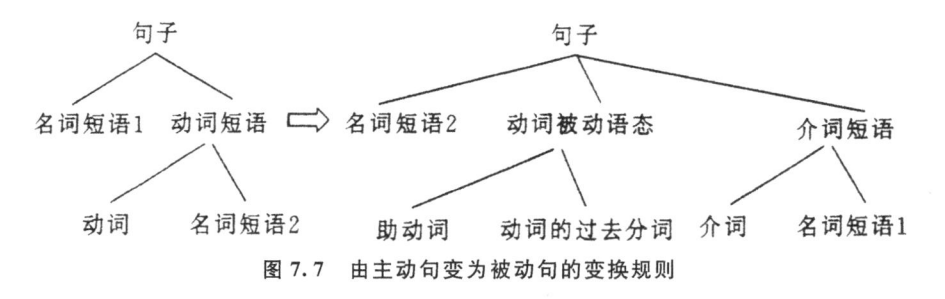

图 7.7 由主动句变为被动句的变换规则

变换文法的工作过程是先用上下文无关文法建立相应句子的深层结构,再应用变换规则将深层结构变换为符合人们习惯的表层结构。

7.3.2 自顶向下与自底向上分析

7.3.2.1 自顶向下分析法

自顶向下分析是指从起始符开始应用文法规则,一层一层地向下产生分析树的各个分支,直至生成与输入语句相匹配的完整的句子结构为止。例如,如图 7.7 所示的上下文无关文法采用自顶向下分析方法对语句

The professor trains Jack.

进行分析的过程如下。

首先,从起始符"语句"开始,正向运用规则:

语句→句子　终标符把分析树的根节点"语句"替换为它的两个子节点

"句子"和"终标符"。然后再对新生成的节点"句子"使用规则:

$$句子 \rightarrow 名词短语 \quad 动词短语$$

将其替换为两个子节点"名词短语"与"动词短语"。对于"名词短语",文法规则中有两条规则可用,若按规则的排列顺序来使用规则,则选用

$$名词短语 \rightarrow 冠词 \quad 名词$$

这样,"名词短语"可被替换为"冠词"和"名词",生成两个新节点。对"冠词"使用规则:

$$冠词 \rightarrow \text{The}$$

对"名词"使用规则:

$$名词 \rightarrow \text{professor}$$

这就在分析树上生成了两个可与输入语句匹配的终结符"The"和"professor"。再对"动词短语"运用规则:

$$动词短语 \rightarrow 动词 \quad 名词短语$$

就可得到如图 7.8 所示的分析树。

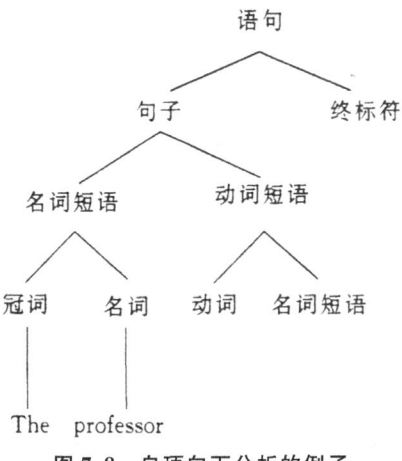

图 7.8 自顶向下分析的例子

继续向下分析,节点"动词"也有两条规则可供使用,若按规则的排列顺序,应选用规则:

$$动词 \rightarrow \text{wrote}$$

但这会在分析树中生成与输入语句不匹配的终结符"wrote",致使分析过程失败。此时,可通过回溯再回到"动词"节点,选用下一条适用的规则:

$$动词 \rightarrow \text{trains}$$

从而生成与输入语句匹配的终结符"trains"。当对"名词短语"进行分析时,又遇到了与"动词"相同的问题,也需要通过回溯来得到可与输入语句匹配

的终标符。

7.3.2.2 自底向上分析法

所谓自底向上分析,是以输入语句的单词为基础,首先按重写规则的箭头指向,反方向使用那些最具体的重写规则,把单词归并成较大的结构成分,如短语等,然后对这些成分继续逆向使用规则,直到分析树的根节点为止。仍以语句"The professor trains Jack."为例。逆向使用图 7.6 中的那些具体规则后,可得到如图 7.9 所示的部分分析树。继续逆向使用规则,一步步归并,直到根节点"语句"为止,最后可生成如图 7.7 所示的完整的分析树。

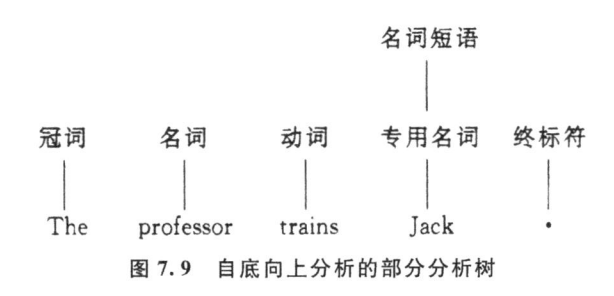

```
                      名词短语
                         |
  冠词    名词    动词   专用名词   终标符
   |      |      |        |        |
  The  professor trains   Jack      .
```

图 7.9 自底向上分析的部分分析树

自顶向下分析方法与自底向上分析方法虽然思路清晰,但分析效率不高。为了提高分析效率,实际使用中可采用自顶向下与自底向上相结合的分析方法。

7.3.3 转移网络

转移网络在自动机理论中用来表示语法。句法分析中的转移网络由节点和带有标记的弧组成,节点表示状态,弧对应于符号,基于该符号,可以实现从一个给定的状态转移到另一个状态。重写规则和相应的转移网络可表示为图 7.10 所示。

为了用转移网络分析一个句子,首先从句子 S 开始启动转移网络,如果句子的表示形式和转移网络的部分结构(NP)匹配,则控制会转移到和 NP 相关的网络部分。这样,转移网络进入中间状态,然后接着检查 VP 短语。在 VP 的转移网络中,假设整个 VP 匹配成功,则控制会转移到终止状态,并结束。例如,对于句子"The man laughed"的状态转移网络如图 7.11 所示。

第7章 自然语言处理

(a) S→NP+VP的转移网络

(b) NP→ART+N和NP→N的转移网络

(c) VP→V+NP和VP→V的转移网络

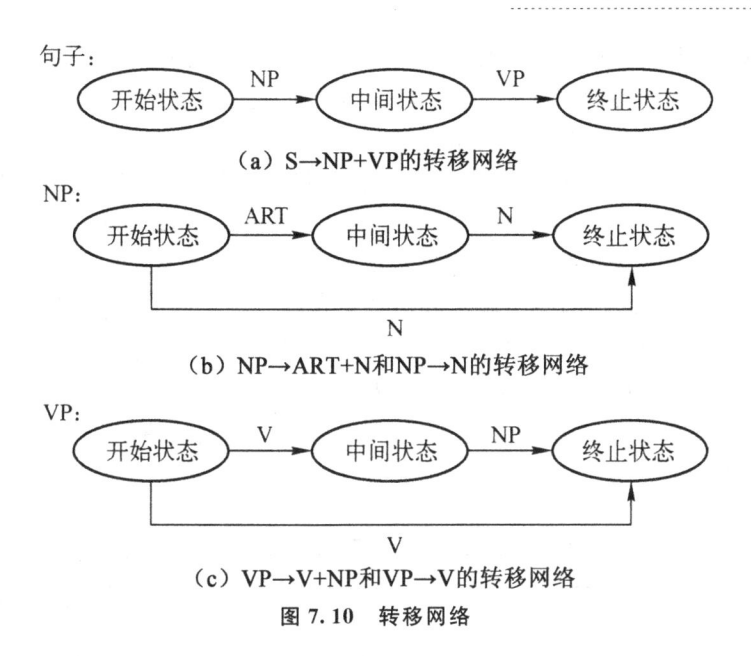

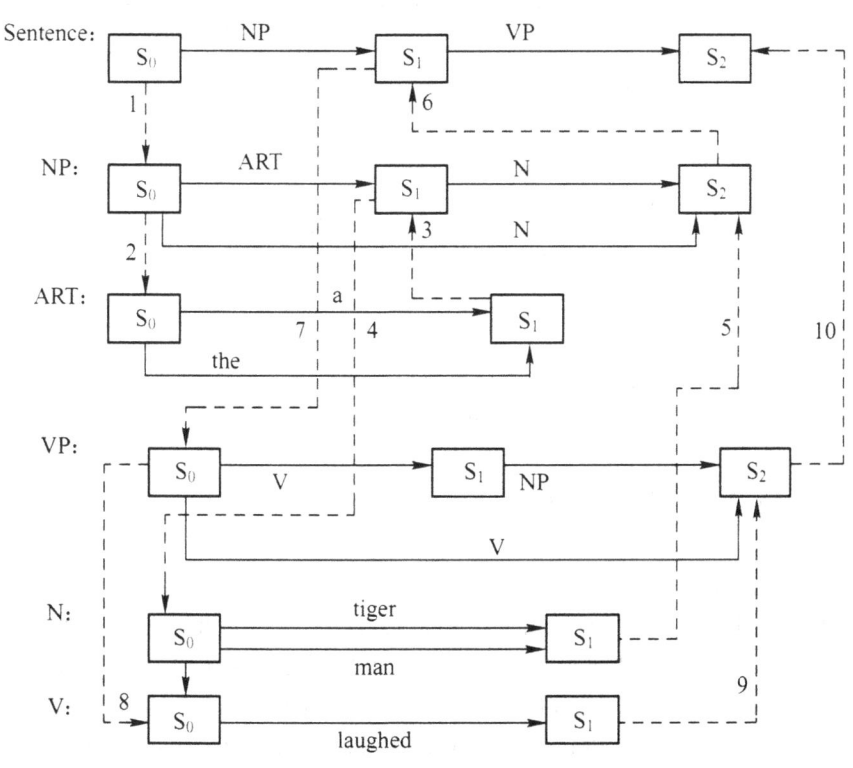

图 7.10 转移网络

图 7.11 "The man laughed"的转移网络

注：虚线上的数字表示转移的顺序

对于图 7.11 所示的转移网络,含有 10 个线段,表示了网络中状态的控制流。首先,当控制在句子的 S_0 发现 NP,则它会通过虚线 1 移动到 NP 转移网络。如果在 NP 转移网络的 S_0 又发现了 ART,则通过虚线 2 进入 ART 网络,从 ART 网络选择"the",然后通过虚线 3 返回 NP 转移网络的 S_1。现在,在 NP 转移网络的 S_1,找到 N,则通过弧 4 移动到转移网络 N 的初始节点 S_0。该过程一直这样进行下去,直到通过弧 10 抵达句子的转移网络的 S2。对转移网络的遍历并不总是像图 7.11 那样顺利,当控制使匹配进入错误的状态,句子和转移网络无法匹配时,就会引起回溯。

为了说明转移网络中的回溯,表示句子"dogs bark"的转移网络如图 7-12 所示,由于句子中没有冠词,所以需要将控制从 ART 的 S_0 回溯到 NP 的 S_0。

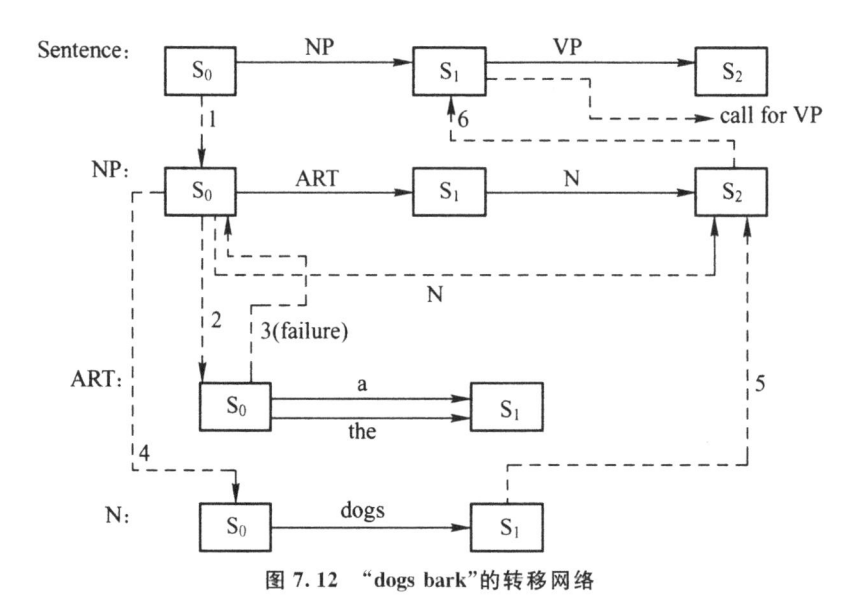

图 7.12 "dogs bark"的转移网络

7.3.4 扩充转移网络

扩充转移网络(augmented transition network,ATN)语法属于一种增强型的上下文无关语法,即用上下文无关语法描述句子语法结构,同时提供有效的方式将各种理解语句所需的知识加到分析系统中,以增强分析功能,从而使得应用 ATN 的句法分析程序具有分析上下文有关语言的能力。

例如,用 ATN 分析句子"the boy"。假设单词"NP""the""boy"在数据字典中给出的语法特征如图 7.13 所示。并且假设附加在冠词和名词的弧上的过程描述如下:

NP：

DET	Noun	Number

（a）NP

the：

Part of Speech	Root	Number
ART	the	单/复数

（b）the

boy：

Part of Speech	Root	Number
N	boy	单数

（c）by

图 7.13　单词的语义特性的表示

为了分析"the boy"，假定使用 NP 的扩充转移网络。这样，在 NP 的状态 S0，首先赋予 ART：= the，并检查词性部分 Part-of-speech 是否等于 ART。如果是，则赋予 NP.DET：= ART，否则，失败引起回溯。一般来说，句子 S 包含 NP 和 VP，所以，从 NP 的 ATN 应该返回到 S 的 ATN 的初始状态，如图 7.14 所示。

Tagged Procedure
ART：= next string of input
If ART.Part-of-speech=ART
Then NP.DET：=ART
Else Fail；

Tagged Procedure
N：=next string of input
If (N.Part-of-speech=N) and
(N.Number =NP.DET.Number)
Then do begin
　NP.Number =N.Number
　　Return NP
End；

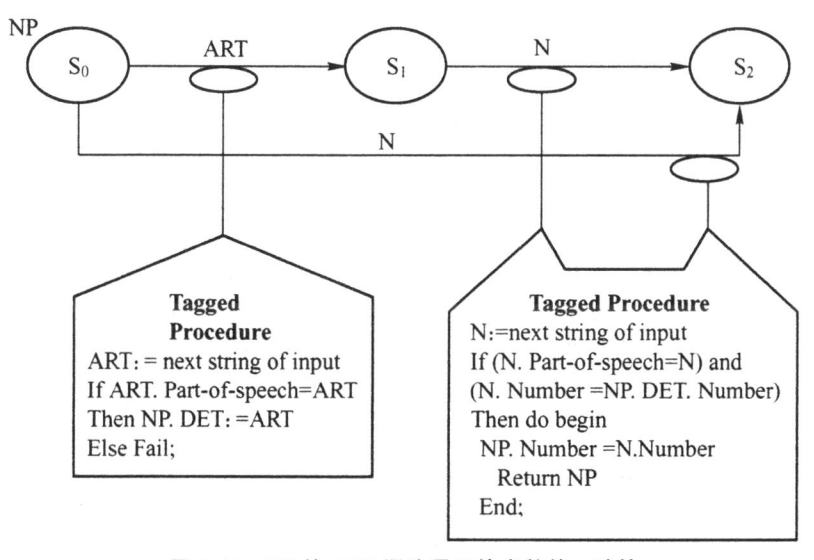

图 7.14　NP 的 ART 语法用于检查数的一致性

这样，如果已经有了对句子、NP 和 VP 的结构定义，以及对单词"the""crocodile""smiled"的数据字典定义，并且已知 NP 和 VP 转移网络的弧上的过程，则可以对使用这些定义和过程的树进行分析。下面给出的例子是对句子 the crocodile smiled 的分析。

前面已经给出了一些定义，其余的定义如图 7.15～图 7.17 所示。

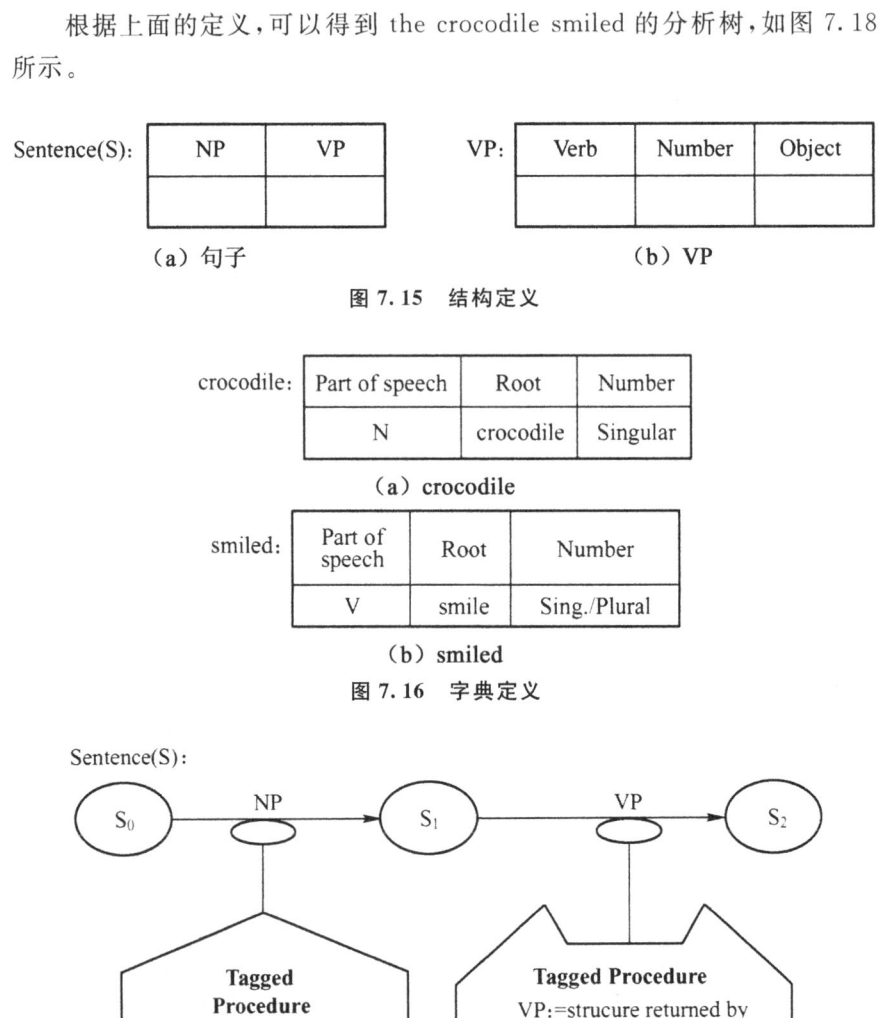

根据上面的定义，可以得到 the crocodile smiled 的分析树，如图 7.18 所示。

Sentence(S):

NP	VP

（a）句子

VP:

Verb	Number	Object

（b）VP

图 7.15　结构定义

crocodile:

Part of speech	Root	Number
N	crocodile	Singular

（a）crocodile

smiled:

Part of speech	Root	Number
V	smile	Sing./Plural

（b）smiled

图 7.16　字典定义

Sentence(S):

S_0 —NP→ S_1 —VP→ S_2

Tagged Procedure
NP:=structure returned by NP network;
S.NP:=NP;

Tagged Procedure
VP:=strucure returned by VP network;
If NP. Number = VP. Number
Then do begin S. VP:=VP;
　Return S; End;
Else fail;

（a）句子

图 7.17　ATN 语法

Tagged Procedure
V:=next string of input;
If V. Part-of-speech=Verb
Then VP. Verb:=Verb;
VP. Number:=Number

Tagged Procedure
NP:=structure returned by NP network;
VP. Object:=NP;
Return VP;

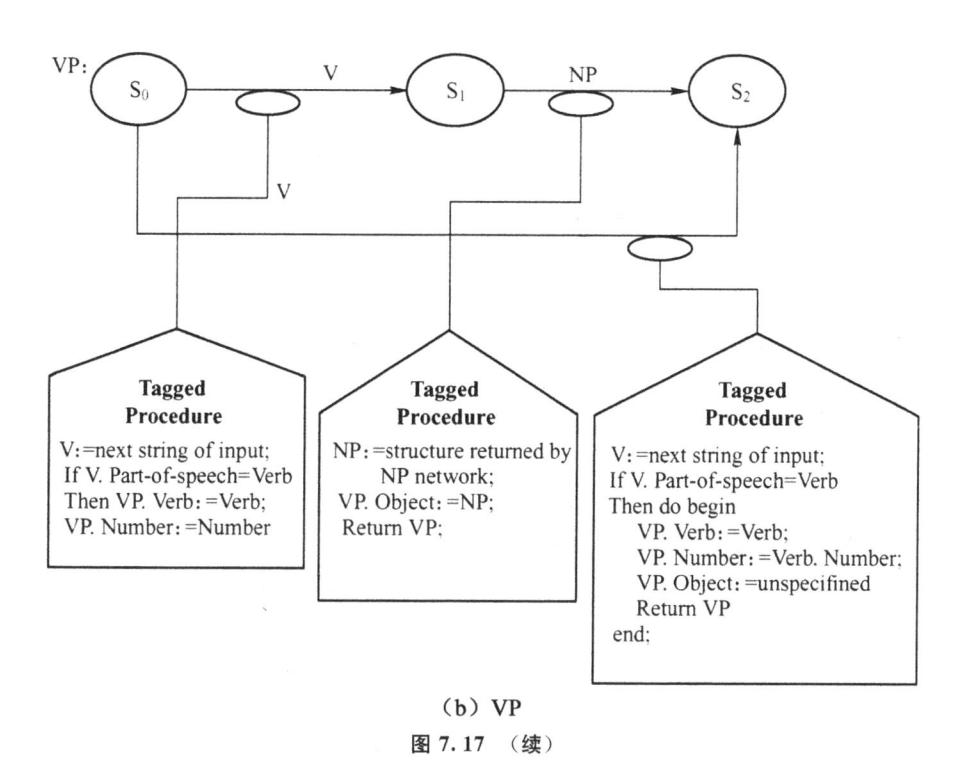

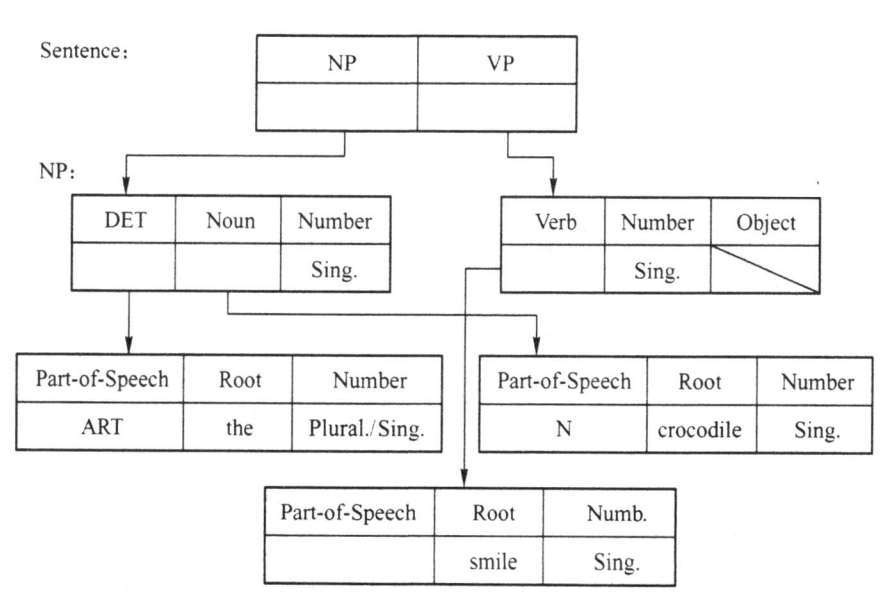

Tagged Procedure
V:=next string of input;
If V. Part-of-speech=Verb
Then do begin
 VP. Verb:=Verb;
 VP. Number:=Verb. Number;
 VP. Object:=unspecified
 Return VP
end;

（b）VP

图 7.17 （续）

图 7.18 使用 ATN 语法建立的句子"the crocodile smiled"的句法树

· 119 ·

7.4 语义分析

7.4.1 语义的逻辑分析法

逻辑形式表达是一种框架式的结构,它表达一个特定形式的事例及其一系列附加的事实,如"Jack kissed Jill",可以用如下逻辑形式来表达:

(PAST S1 KISs-ACTION[AGENT(NAME j1 PERsON"Jack")][THEM ENAME(NAME j2 PERSON"Jill")])

它表达了一个过去的事例 S1。PAST 是一个操作符,表示结构的类型是过去的,S1 是事例的名,KISS-ACTION 是事例的形式,AGENT 和 THEM 是对象的描述,有施事和主位。

逻辑形式表达对应的句法结构可以是不同的,但表达意义应当是不变的。the arrival of George at the station 和 George arrived at the station 在句法上一个是名词短语,而另一个是句子,它们的逻辑形式是相同的。

(DEF/SING a1 ARRIVE-EVENT(AGENT a1(NAME g1 PERSON "George"))(TO-LOC a1(DEF S4 STATION)))

(PAST a2 ARRIVE-EVENT[AGENT a1(NAME g1 PERSON "George")][TO-LOC a1(NAME S4 STATION)])

在句法结构和逻辑形式的定义基础上,就可以运用语义解析规则,从而使最终的逻辑形式能有效地约束歧义。解析规则也是一种模式的映射变换。

(S SUBJ+animate MAIN-V+action-verb)这一模式可以匹配任何一个有一个动作和一个有生命的主语体的句子。映射规则的形式为:

(S SUBJ+animate MAIN-V+action-verb)(? * T(MAIN-V))[AGENT V(SUBJ)]

其中?表示尚无事件的时态信息,*代表一个新的事例。如果有一个句法结构:

(S MAIN-V ran

SUBJ(NP TDE the HEAD man)

TENSE past)运用上述映射(这里假设 NP 的映射是用其他规则)得到:

(? r1 RUN1[AGENT(DEF/SING m1 MAN)])时态信息可采用另一个映射规则:

(S TENSE past)(PAST??)合并上述的映射就可最终获得逻辑形式表示：

(PAsT r1 RuN1[AGENT(DEF/SlNG m1 MAN)])

这里只是一个简单的例子。在规则的应用中，还需要有很多的解析策略。

7.4.2 语义分析文法

7.4.2.1 语义文法

语义文法是一种把文法知识和语义知识组合起来，并以统一的方式定义的文法规则集，是上下文无关的和形态上与自然语言文法相同的文法。它使用能够表示语义类型的符号，而不采用 NP, VP, PP 等表示句法成分的非终止符，因而可定义包含语义信息的文法规则。语义文法能够排除无意义的句子，具有较高的效率，而且可以略去对语义没有影响的句法问题。其缺点是应用时需要数量很大的文法规则，因而只适用于受到严格限制的领域。

7.4.2.2 格文法

格文法允许以动词为中心构造分析结果，虽然其文法规则只描述句法，但其分析结果产生的结构对应于语义关系，而非严格的句法关系。在这种表示中，一个语句包含的名词词组和介词词组都用它们在句子中与动词的关系来表示，称为格，而称这种表示结构为格文法。传统语法中的格只表示一个词或短语在句子中的功能，如主格、宾格等，也只反映词尾的变化规则，因而称为表层格。在格文法中，格表示的是语义方面的关系，反映的是句子中包含的思想、观念和概念等，因而称为深层格。与短语结构语法相比，格文法对句子的深层语义有更好的描述；无论句子的表层形式如何变化，如陈述句变为疑问句，肯定句变为否定句，主动语态变为被动语态等，其底层的语义关系和各名词所代表的格关系都不会产生相应变化。格文法与类型层次结合能够从语义上对 ANT 进行解释。

在类型层次中，为了解释 ATN 的意义，动词具有关键的作用。因此可以使用格文法，通过动作实施的工具或手段(Instrument)来描述动作主体(Agent)的动作。例如，动词"laugh"是可以通过动作主体的嘴唇来描述的一个动作，它可以带给自己或他人乐趣。因此，laugh 可以表示为下面的格框架，如图 7.19 所示。

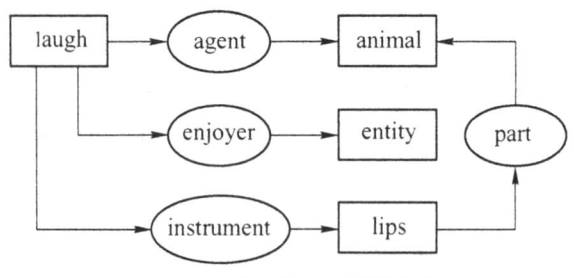

图 7.19 动词"laugh"的格框架

7.5 机器翻译

机器翻译从被提出发展到现在,从方法上可以分为基于规则的机器翻译、基于实例的机器翻译、基于统计的机器翻译和神经机器翻译四个阶段。在机器翻译发展初期,由于计算能力有限、数据匮乏,人们通常将翻译和语言学专家设计的规则输入计算机,计算机基于这些规则将源语言的句子转换为目标语言的句子,这就是基于规则的机器翻译。基于规则的机器翻译通常分为源语言句子分析、转换和目标语言句子生成三个阶段。如图 7.20 所示,给定输入的源语言句子经过词法和句法分析得到句法树,然后通过转换规则将源语言句子句法树进行转换,调整词序、插入词或者删除词并将句法树中的源语言词用对应的目标语言词替换,生成目标语言的句法树。最后基于目标语言的句法树遍历叶子节点,得到目标语言句子。

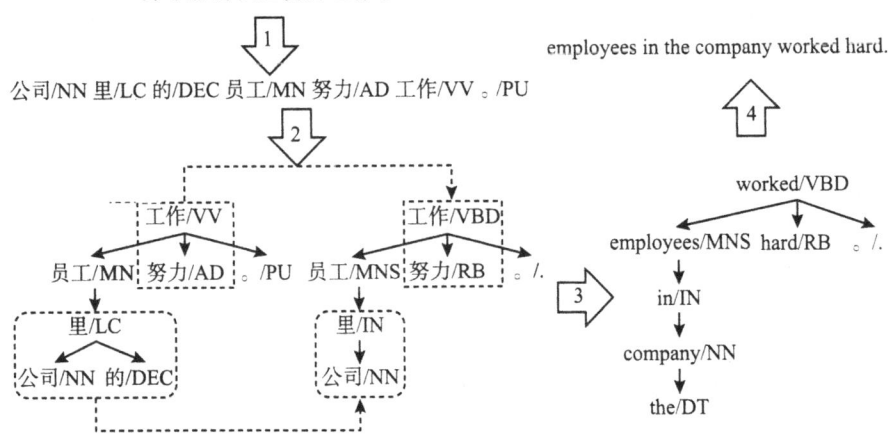

图 7.20 基于规则的机器翻译流程图

第 7 章　自然语言处理

基于规则的机器翻译需要专业人士来设计规则。当规则太多时，规则之间的依赖会变得非常复杂，难以构建大型的翻译系统。随着科技的发展，人们收集一些双语和单语的数据，并基于这些数据抽取翻译模板以及翻译词典。在翻译时，计算机对输入句子进行翻译模板的匹配，并基于匹配成功的模板片段和词典里的翻译知识来生成翻译结果，这便是基于实例的机器翻译。如图 7.21 所示，基于实例的机器翻译首先使用实例库中的源语言实例对输入源语言句子 S 进行匹配，返回结构或者句法上最相似的源语言句子 S'，并得到对应的目标语言句子 T'。基于命中句子 S' 和输入句子 S 的分析以及 S' 和 T' 词汇级别的翻译知识，将 S 修改为最终的译文 T。

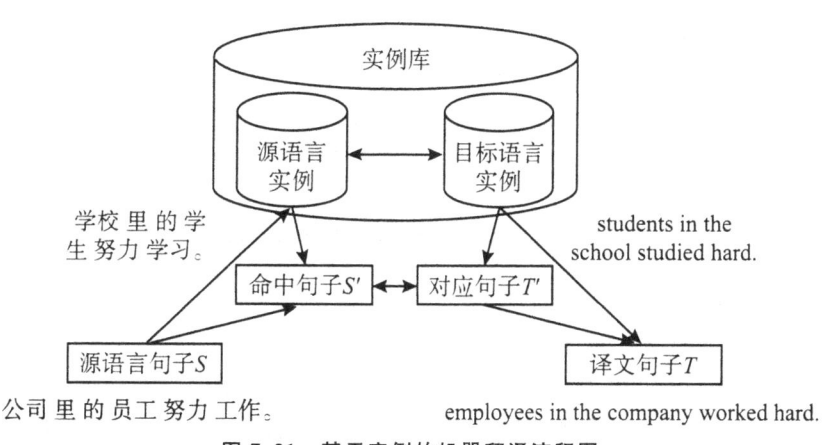

图 7.21　基于实例的机器翻译流程图

随着互联网的快速发展，大规模的双语和单语语料的获取成为可能，基于大规模语料的统计方法成为机器翻译的主流。给定源语言句子，统计机器翻译的方法对目标语言句子的条件概率进行建模，通常拆分为语言模型和翻译模型，翻译模型刻画目标语言句子跟源语言句子在意义上的一致性，而语言模型刻画目标语言句子的流畅程度。语言模型使用大规模的单语数据进行训练，翻译模型使用大规模的双语数据进行训练。统计机器翻译通常使用某种解码算法生成翻译候选，然后用语言模型和翻译模型对翻译候选进行打分和排序，最后选择最好的翻译候选作为译文输出。解码算法通常有束解码、CKY 解码等。

图 7.22 是基于 CKY 解码算法的统计机器翻译示例。统计机器翻译使用翻译规则（通常基于对齐结果从双语数据中抽取得到）对输入句子进行匹配，得到输入句子中片段的翻译候选。如果某个片段有多个翻译候选，则使用语言模型和翻译模型对这些翻译候选进行排序，只保留打分最高的某些候选。基于这些片段的翻译候选，使用翻译规则将翻译片段进行拼接以

组成更长片段的翻译候选。翻译片段的拼接有顺序和反序两种方式,如图 7-22 所示,X_6 和 X_7 都是反序拼接的规则,X_6 通过将 X_1 和 X_2 的翻译进行反向拼接生成片段"公司里的员工"的翻译"employees in the company";X_8 和 X_9 则是正向拼接的规则。翻译模型和语言模型在打分时会有不同的权重,权重通常使用某个开发数据集训练得到。

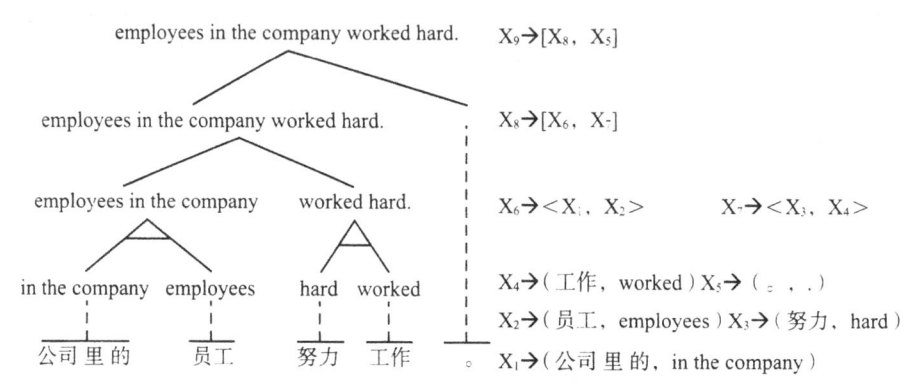

图 7.22 基于 CKY 解码算法的统计机器翻译示例

随着计算能力的进一步提升,特别是基于 GPU 的并行化训练的快速发展,基于深度神经网络的方法在自然语言处理中逐渐受到关注。基于深度神经网络的方法最开始被用于训练统计机器翻译中的某些子模型(基于深度神经网络的语言模型或者基于深度神经网络的翻译模型),并显著提高了统计机器翻译的性能。随着解码器和编码器框架以及注意力机制的提出,神经机器翻译全面超过了统计机器翻译,机器翻译进入了神经网络时代。

7.5.1 编码器解码器翻译模型

机器翻译建模可以看作是一个特殊的语言模型,机器翻译使用目标语言的语言模型来预测某个句子的生成概率,但是需要以源语言句子作为条件。

$$p(y_i|x) = \prod_{i=1}^{|y|} p(y_i|y_{i-1}^{i-N+1}, x)$$

式中:$x = (x_1, x_2, \cdots, x_{|x|})$ 是一个长度为 $|x|$ 的源语言句子。假设有足够多的双语数据,便可以直接估计 $p(y_i|y_{i-1}^{i-N+1}, x)$。由于源语言句子的引入使得 $(y_i, y_{i-1}, \cdots, y_{i-n+1}, x)$ 变得极度稀疏,绝大多数 $(y_i, y_{i-1}, \cdots, y_{i-n+1}, x)$ 都没有出现过。为解决数据稀疏问题,我们往往采用一种编码的方式来表

示输入句子 x。

循环神经网络便是常用的对句子进行编码的方式。如图 7.23 所示,循环神经网络包含三个部分,分别是输入层、隐含层、输出层。循环神经网络每个时刻根据上一个时刻的隐含层(h_{t-1})和当前的输入(x_t)生成当前时刻的隐含状态(h_t),并基于当前的隐含状态预测当前时刻的输出。

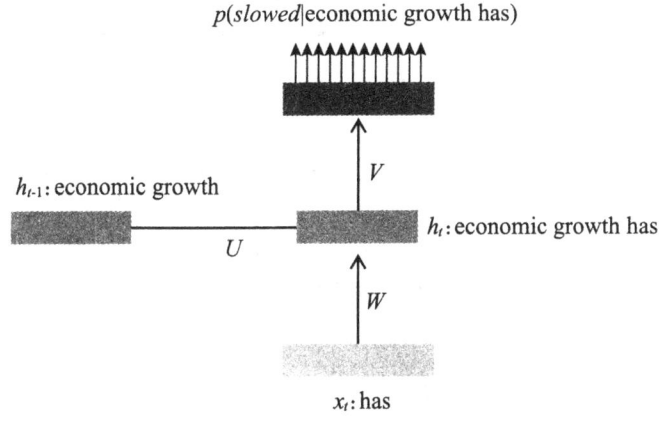

图 7.23 循环神经网络示例

如图 7.24 所示,给定源语言句子"Economic growth has slowed down in recent years",循环神经网络首先将句子里的第一个词"Economic"输入循环神经网络产生第一个隐含状态 h_1,此时隐含状态 h_1 便包含了第一个词"Economic"的信息;下一步将第二个词"growth"作为循环神经网络的输入,循环神经网络将第二个词的信息同第一个隐含状态 h_1 进行融合产生第二个隐含状态 h_2,如此则第二个隐含状态 h_2 便包含了前两个词"Economic growth"的信息;使用同样方法依次将源语言句子里所有的词输入神经网络,每输入一个词都会同前一时刻的隐含状态进行融合产生一个包含当前词信息和前面所有词信息的新的隐含状态。当把整个句子所有的词输入进去之后,最后的隐含状态理论上包含了所有词的信息,便可以作为整个句子的语义向量表示,该语义向量称为源语言句子的上下文向量。

编码器将源语言句子编码为一个源语言句子的上下文向量,解码器的任务是根据编码器生成的该上下文向量生成目标语言句子的符号化表示。给定源语言的上下文向量,解码器循环神经网络首先产生第一个隐含状态 S_1,并基于该隐含状态预测第一个目标语言词"近";然后第一个目标语言词"近"会被作为下一个时刻的输入,连同第一个隐含状态 S_1 以及上下文向量 C_1 来产生第二个隐含状态 S_2,该隐含状态 S_2 包含了目标语言句子第一个词"近"的信息和源语言句子的信息,并用来预测目标语言句子第二个词"几年";第二个目标语言词"几年"会被再次作为输入来产生第三个隐含状态,如此循环下去,直到预测到一个句子的结束符</S>为止。

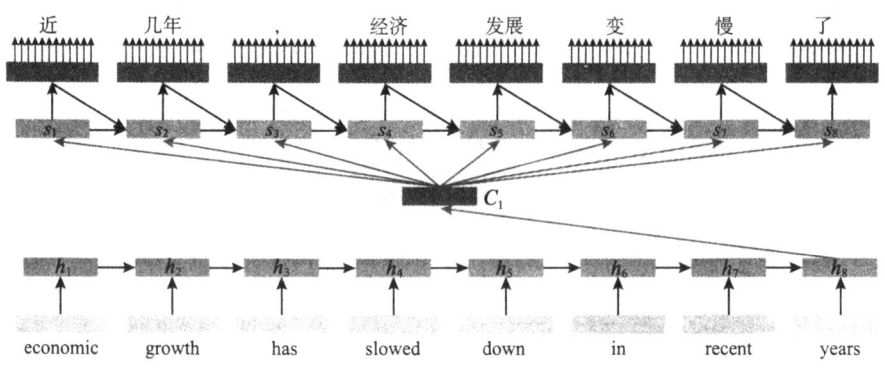

图 7.24　基于源语言句子编码表示的循环神经网络翻译模型

7.5.2　注意力机制的引入

基于编码器解码器框架的神经机器翻译模型在翻译比较短的句子时效果尚可,但是在翻译比较长的句子时,由于最先输入的词的信息在经过多步的循环神经单元的运算后很难被保留下来,从而使得翻译质量下降得比较严重。注意力机制的引入进一步提高了编码器解码器框架在长句子上的翻译质量,使得神经机器翻译模型的翻译质量全面超越了基于统计的翻译模型。

如图 7.25 所示,不同于传统的编码器-解码器框架只使用最后一个隐含状态作为解码器的输入,注意力网络首先使用匹配函数计算任意一个编码器隐含状态和前一时刻解码器隐含状态的匹配得分;然后使用 softmax 函数将该得分标准化成一个编码器隐含状态序列上的概率,该概率作为权重被用来对编码器隐含状态序列的所有隐含状态进行加权,从而得到该时刻的上下文向量。基于该上下文向量,便可以使用标准的循环神经网络解码器生成当前时刻的隐含状态。

使用注意力机制的解码器在生成目标语言词时,对源语言句子里的词信息的考量有侧重。如图 7.26 中,当生成目标语言词"economic"时,要着重考虑源语言词"经济"的信息;同样,当生成目标语言词"slow"时,应该着重考虑源语言词"慢"的信息。这种侧重的程度便是通过标准化后的概率来体现,而概率的计算则是通过比较/匹配编码器隐状态和解码器隐状态得到。

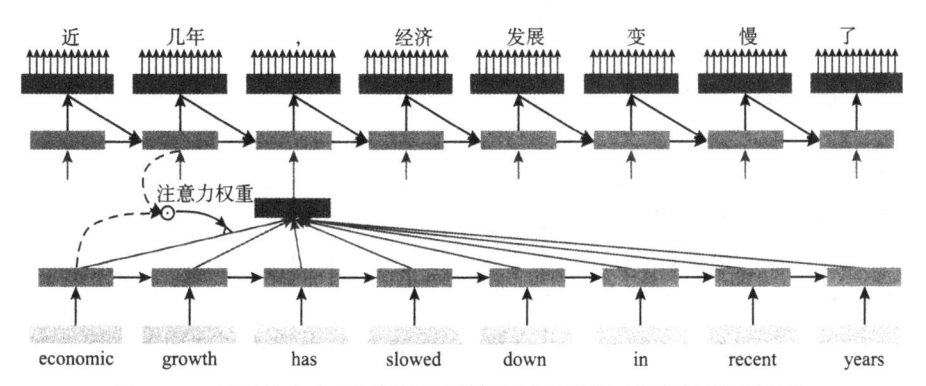

图 7.25　基于注意力机制的循环神经网络编码器-解码器的翻译模型

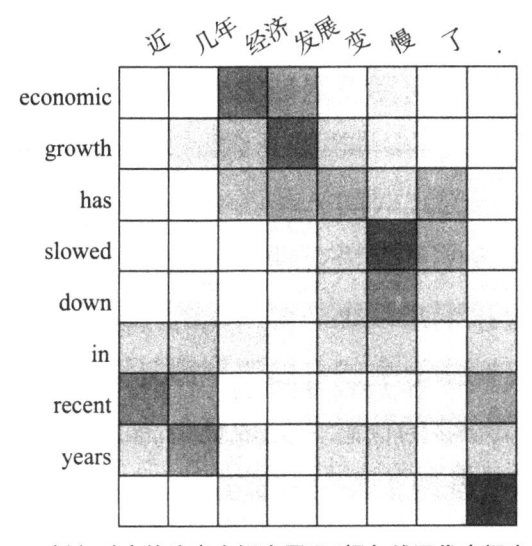

图 7.26　例句对应的注意力概率图示（颜色越深代表概率越大）

7.6　语音识别

用语音实现人与计算机之间的交互，主要包括语音识别（speech recognition）、自然语言理解和语音合成（speech synthesis）。语音识别是完成语音到文字的转换，自然语言理解是完成文字到语义的转换，语音合成是用语音方式输出用户想要的信息。

现在已经有许多场合允许使用者用语音对计算机发命令，但是，目前只能使用有限词汇的简单句子，因为计算机还无法接受复杂句子的语音命令。

因此,需要研究基于自然语言理解的语音识别技术。

相对于机器翻译,语音识别是更加困难的问题。机器翻译系统的输入通常是印刷文本,计算机能清楚地区分单词和单词串。而语音识别系统的输入是语音,其复杂度要大得多,特别是口语有很多的不确定性。人与人交流时,往往是根据上下文提供的信息猜测对方所说的是哪一个单词,还可以根据对方使用的音调、面部表情和手势等来得到很多信息。特别是说话者会经常更正所说过的话,而且会使用不同的词来重复某些信息。显然,要使计算机像人一样识别语音是很困难的。

语音识别系统主要包括 4 个部分:特征提取、声学模型、语言模型和解码搜索。语音识别系统的典型框架如图 7.27 所示。

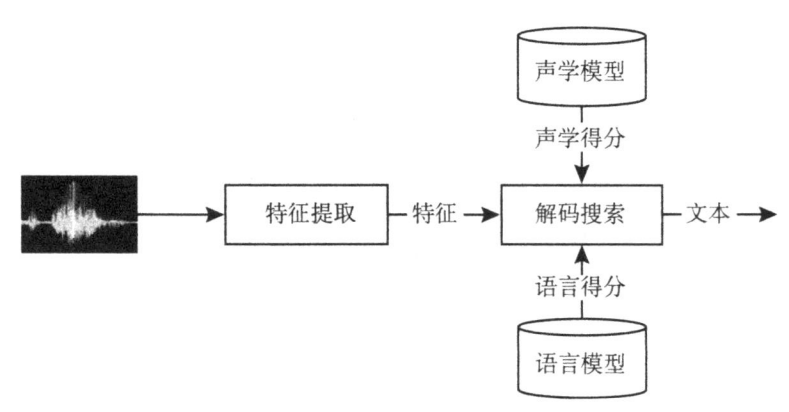

图 7.27 语音识别系统的框架

7.6.1 语音识别的特征提取

语音识别的难点之一在于语音信号的复杂性和多变性。一段看似简单的语音信号,其中包含了说话人、发音内容、信道特征、方言口音等大量信息;此外,这些信息互相组合在一起又表达了情绪变化、语法语义、暗示内涵等更为丰富的信息。在如此众多的信息中,仅有少量的信息与语音识别相关,这些信息被淹没在大量信息中,因此充满了变化性。语音特征抽取即是在原始语音信号中提取出与语音识别最相关的信息,滤除其他无关信息。比较常用的声学特征有三种,即梅尔频率倒谱系数、梅尔标度滤波器组特征和感知线性预测倒谱系数。梅尔频率倒谱系数特征是指根据人耳听觉特性计算梅尔频谱域倒谱系数获得的参数。梅尔标度滤波器组特征与梅尔频率倒谱系数特征不同,它保留了特征维度间的相关性。感知线性预测倒谱系数在提取过程中利用人的听觉机理对人声建模。

7.6.2 语音识别的声学模型

声学模型承载着声学特征与建模单元之间的映射关系。在训练声学模型之前需要选取建模单元,建模单元可以是音素、音节、词语等,其单元粒度依次增加。若采用词语作为建模单元,每个词语的长度不等,从而导致声学建模缺少灵活性;此外,由于词语的粒度较大,很难充分训练基于词语的模型,因此一般不采用词语作为建模单元。相比之下,词语中包含的音素是确定且有限的,利用大量的训练数据可以充分训练基于音素的模型,因此目前大多数声学模型一般采用音素作为建模单元。语音中存在协同发音的现象,即音素是上下文相关的,故一般采用三音素进行声学建模。由于三音素的数量庞大,若训练数据有限,那么部分音素可能会存在训练不充分的问题,为了解决此问题,既往研究提出采用决策树对三音素进行聚类以减少三音素的数目。

比较经典的声学模型是混合声学模型,大致可以概括为两种:基于高斯混合模型-隐马尔科夫模型的模型和基于深度神经网络-隐马尔科夫模型的模型。

7.6.2.1 基于高斯混合模型-隐马尔科夫模型的模型

隐马尔科夫模型的参数主要包括状态间的转移概率以及每个状态的概率密度函数,也叫出现概率,一般用高斯混合模型表示。图 7.28 中,最上方为输入语音的语谱图,将语音第一帧代入一个状态进行计算,得到出现概率;同样方法计算每一帧的出现概率,图中用小圆点表示。小圆点间有转移概率,据此可计算最优路径(图中加粗箭头),该路径对应的概率值总和即为输入语音经隐马尔科夫模型得到的概率值。如果为每一个音节训练一个隐马尔科夫模型,语音只需要代入每个音节的模型中算一遍,哪个得到的概率最高即判定为相应音节,这也是传统语音识别的方法。

出现概率采用高斯混合模型,具有训练速度快、模型小、易于移植到嵌入式平台等优点,缺点是没有利用帧的上下文信息,缺乏深层非线性特征变化的内容。高斯混合模型代表的是一种概率密度,它的局限在于不能完整模拟出或记住相同音的不同人间的音色差异变化或发音习惯变化。

就基于高斯混合模型-隐马尔科夫模型的声学模型而言,对于小词汇量的自动语音识别任务,通常使用上下文无关的音素状态作为建模单元;对于中等和大词汇量的自动语音识别任务,则使用上下文相关的音素状态进行建模。该声学模型的框架图如图 7.29 所示,高斯混合模型用来估计观察特征(语音特征)的观测概率,而隐马尔科夫模型则被用于描述语音信号的动态变化(即状态间的转移概率)。图 7.29 中,s_k 代表音素状态 a_{s1s2} 代表转移

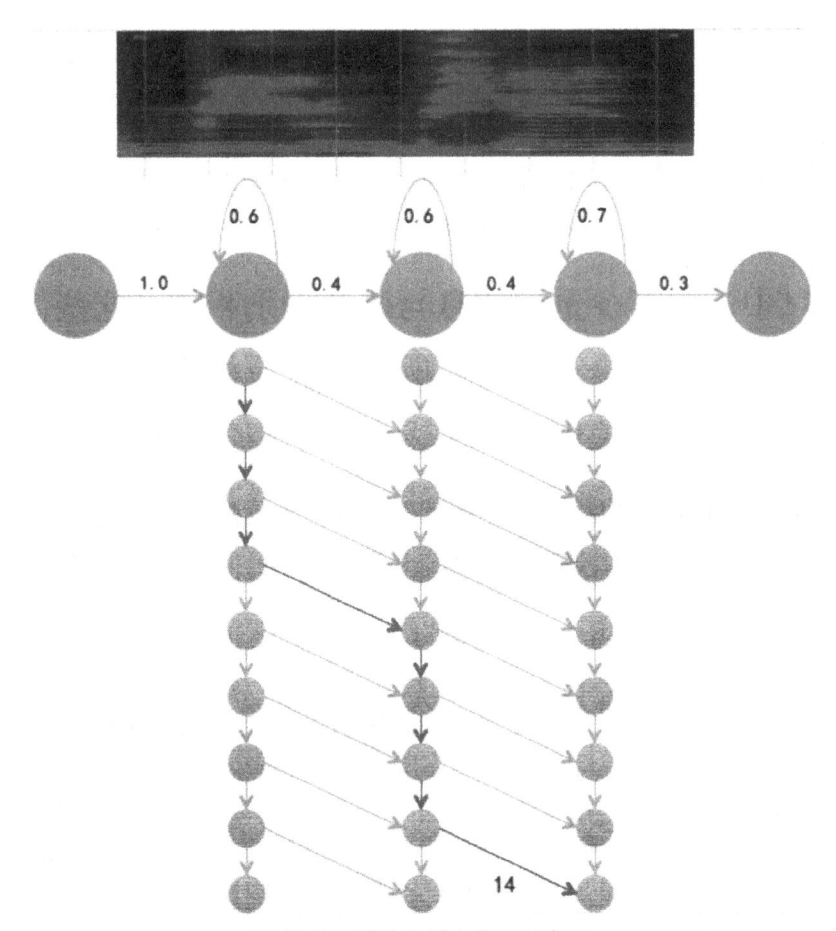

图 7.28 隐马尔科夫模型示意图

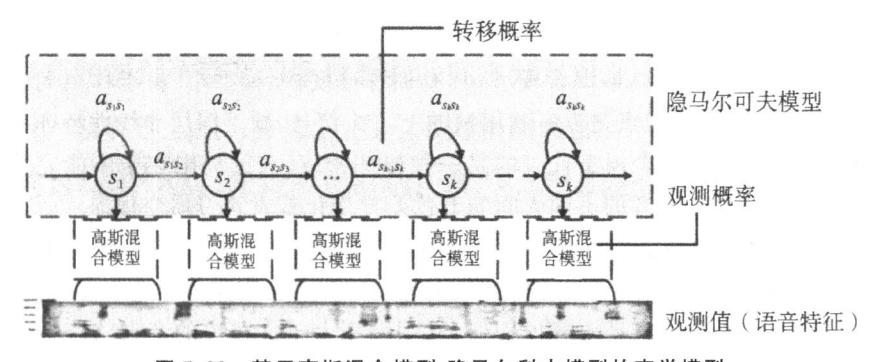

图 7.29 基于高斯混合模型-隐马尔科夫模型的声学模型

概率,即状态 s_1 转为状态 s_2 的概率。

7.6.2.2 基于深度神经网络-隐马尔科夫模型的模型

基于深度神经网络-隐马尔科夫模型的声学模型是指用深度神经网络模型替换上述模型的高斯混合模型,深度神经网络模型可以是深度循环神经网络和深度卷积网络等。该模型的建模单元为聚类后的三音素状态,其框架图如图 7.30 所示。图中,神经网络用来估计观察特征(语音特征)的观测概率,而隐马尔科夫模型则被用于描述语音信号的动态变化(即状态间的转移概率)。s_k 代表音素状态;$a_{s_1s_2}$ 代表转移概率,即状态 s_1 转为状态 s_2 的概率;v 代表输入特征;$h^{(M)}$ 代表第 M 个隐含层;W_M 代表神经网络第 M 个隐含层的权重。

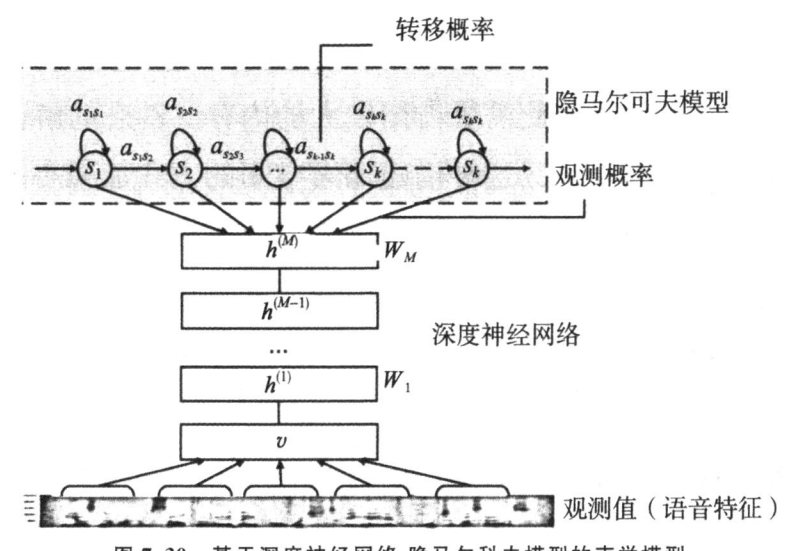

图 7.30 基于深度神经网络-隐马尔科夫模型的声学模型

与基于高斯混合模型的声学模型相比,这种基于深度神经网络的声学模型具有两方面的优势:一是深度神经网络能利用语音特征的上下文信息;二是深度神经网络能学习非线性的更高层次特征表达。故此,基于深度神经网络-隐马尔科夫模型的声学模型的性能显著超越基于高斯混合模型-隐马尔科夫模型的声学模型,已成为目前主流的声学建模技术。

7.6.3 语音识别的语言模型

语言模型是根据语言客观事实而进行的语言抽象数学建模。语言模型亦是一个概率分布模型 P,用于计算任何句子 S 的概率。

例1：令句子 S＝"今天天气怎么样"，该句子很常见，通过语言模型可计算出其发生的概率 P(今天天气怎么样)＝0.80000。

例2：令句子 S＝"材教智能人工"，该句子是病句，不常见，通过语言模型可计算出其发生的概率 P(材教智能人工)＝0.00001。

在语音识别系统中，语言模型所起的作用是在解码过程中从语言层面上限制搜索路径。常用的语言模型有 N 元文法语言模型和循环神经网络语言模型。尽管循环神经网络语言模型的性能优于 N 元文法语言模型，但是其训练比较耗时，且解码时识别速度较慢，因此目前工业界仍然采用基于 N 元文法的语言模型。语言模型的评价指标是语言模型在测试集上的困惑度，该值反映句子不确定性的程度。如果我们对于某件事情知道得越多，那么困惑度越小，因此构建语言模型的目标就是寻找困惑度较小的模型，使其尽量逼近真实语言的分布。

7.6.4 语音识别的解码搜索

解码搜索的主要任务是在由声学模型、发音词典和语言模型构成的搜索空间中寻找最佳路径。解码时需要用到声学得分和语言得分，声学得分由声学模型计算得到，语言得分由语言模型计算得到。其中，每处理一帧特征都会用到声学得分，但是语言得分只有在解码到词级别才会涉及，一个词一般覆盖多帧语音特征。故此，解码时声学得分和语言得分存在较大的数值差异。为了避免这种差异，解码时将引入一个参数对语言得分进行平滑，从而使两种得分具有相同的尺度。构建解码空间的方法可以概括为两类——静态的解码和动态的解码。静态的解码需要预先将整个静态网络加载到内存中，因此需要占用较大的内存。动态的解码是指在解码过程中动态地构建和销毁解码网络，这种构建搜索空间的方式能减小网络所占的内存，但是基于动态的解码速度比静态慢。通常在实际应用中，需要权衡解码速度和解码空间来选择构建解码空间的方法。解码所用的搜索算法大概分成两类，一类是采用时间同步的方法，如维特比算法等；另一类是时间异步的方法，如 A 星算法等。

7.6.5 基于端到端的语音识别方法

上述混合声学模型存在两点不足：一是神经网络模型的性能受限于高斯混合模型-隐马尔科夫模型的精度；二是训练过程过于繁复。为了解决这些不足，研究人员提出了端到端的语音识别方法，一类是基于联结时序分类的端到端声学建模方法；另一类是基于注意力机制的端到端语音识别方法。前者只是实现声学建模的端到端，后者实现了真正意义上的端到端语音识别。

基于联结时序分类的端到端声学建模方法其声学模型结构如图 7.31 所示。这种方法的核心思想是在声学模型训练过程中引入了一种新的训练准则联结时序分类，这种损失函数的优化目标是输入和输出在句子级别对齐，而不是帧级别对齐，因此不需要高斯混合模型-隐马尔科夫模型生成强制对齐信息，而是直接对输入特征序列到输出单元序列的映射关系建模，极大地简化了声学模型训练的过程。但是语言模型还需要单独训练，从而构建解码的搜索空间。而循环神经网络具有强大的序列建模能力，所以联结时序分类损失函数一般与长短时记忆模型结合使用，当然也可和卷积神经网络的模型一起训练。混合声学模型的建模单元一般是三音素的状态，而基于联结时序分类的端到端模型的建模单元是音素甚至可以是字。这种建模单元粒度的变化带来的优点包括两方面：一是增加语音数据的冗余度，提高音素的区分度；二是在不影响识别准确率的情况下加快解码速度。有鉴于此，这种方法颇受工业界青睐，例如，谷歌、微软和百度等都将这种模型应用于其语音识别系统中。

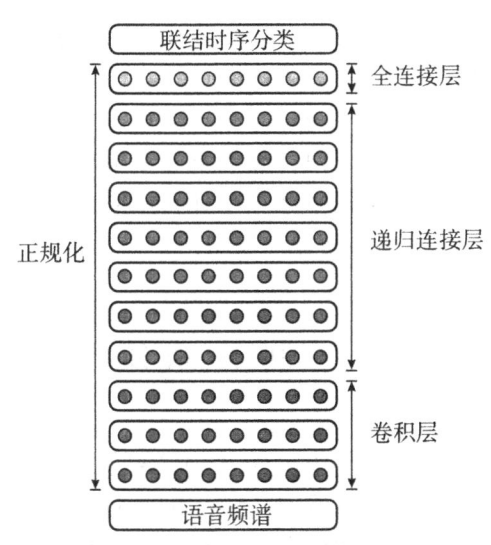

图 7.31 基于连接时序分类的端到端声学模型结构图

基于注意力机制的端到端语音识别方法实现了真正的端到端。传统的语音识别系统中声学模型和语言模型是独立训练的，但是该方法将声学模型、发音词典和语言模型联合为一个模型进行训练。端到端的模型是基于循环神经网络的编码-解码结构,其结构如图 7.32 所示。

图 7.32　基于注意力机制的端到端语音识别系统结构图

图 7.32 中,编码器用于将不定长的输入序列映射成定长的特征序列,注意力机制用于提取编码器的编码特征序列中的有用信息,而解码器则将该定长序列扩展成输出单元序列。尽管这种模型取得了不错的效果,但其性能远不如混合声学模型。近期,谷歌发布了其最新研究成果,提出了一种新的多头注意力机制的端到端模型。当训练数据达到数十万小时时,其性能可接近混合声学模型的性能。

7.7　问答系统

问答系统(question answering system,QA)是信息检索系统的一种高级形式,它能用准确、简洁的自然语言回答用户用自然语言提出的问题。问答系统是目前人工智能和自然语言处理领域中一个备受关注并具有广泛发展前景的研究方向。2011 年 2 月 14 日,在美国最受欢迎的智力问答节目"危险边缘(Jeopardy)"中,IBM 的"沃森(Watson)"超级计算机击败该节目的两名总冠军詹宁斯(K. Jennings)和鲁特尔(B. Rutter),实现有史以来首次人机智力问答对决,并赢取高达 100 万美元的奖金。这是人工智能技术取得成功的代表。

问答系统的系统结构如图 7.33 所示。一般问答系统模型分为三层结构,分别为用户层、中间层和数据层。各部分的主要功能如下:

(1) 用户层(UI):供用户输入提问的问题,并显示系统返回的答案。

(2) 中间层(MI):中间处理层,主要负责分词、处理停用词、计算词语相似度、计算句子相似度和返回答案集。

(3) 数据层(DI):系统的知识库存储,主要有专业词库、常用词库、同义词库、停用词库、课程领域本体、《知网》本体和常见问题集(FAQ)库。

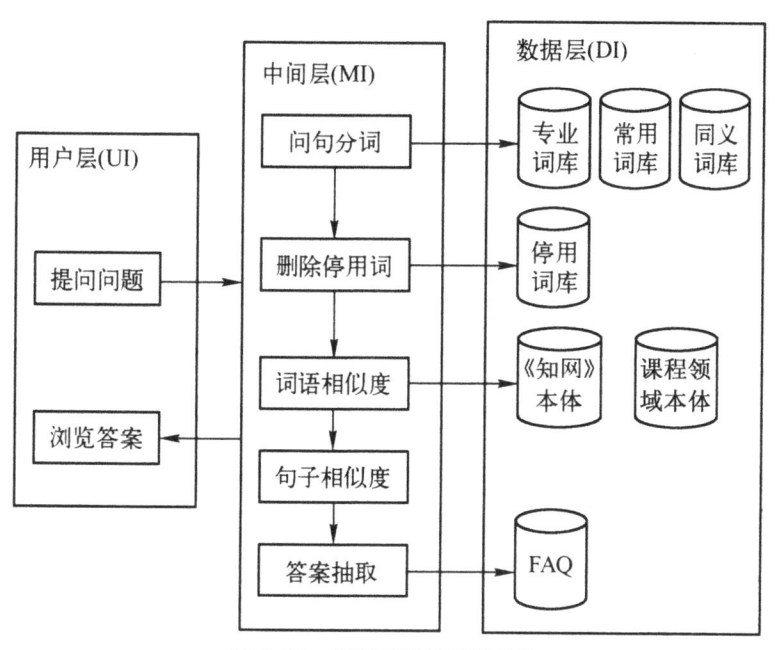

图 7.33 问答系统的系统结构

问答系统自动答题的步骤如下:

(1) 根据专业词库、常用词库和同义词库对用户输入的自然语言问句通过逆向最大匹配的方法进行分词,对于未登记词借助于分词工具把未登记词添加到词库中,在分词过程中同时标注词的词性和权值。

(2) 对于分词后的结果依据停用词库,并参考词性,删除停用词。

(3) 对于专业词汇采取基于本体的概念相似度方法计算词语的语义相似度,对于其他词汇采取基于《知网》本体计算词语的语义相似度。

(4) 分别计算 TFIDF 相似度,根据词语的语义相似度来计算句子的语义相似度,通过计算词形、句长、词序和距离相似度来计算句子的结构相似度,最后组合起来加权求和计算句子相似度(注:基于关键词向量空间模型的 TFIDF 问句相似度计算方法是一种基于语料库中出现的关键词词频的统计方法,它是建立在大规模真实问句语料基础上的)。

(5)根据计算用户提问的问题与 FAQ 中问题的句子相似度,定义一个相似度阈值,从 FAQ 中抽取不小于相似度阈值且相似度最高的问题及其答案作为用户提问问题的答案;对于从 FAQ 中抽取不到答案的问题通过发邮件给专家,添加到待解决问题集中,专家回答更新 FAQ。

第8章 智能图像处理

在大多数基于生物特征的安全系统中,与生物特征标识相关的图像被用作系统的输入。本章将讨论生物特征模式识别常用的各种图像处理方法与算法。对于生物特征识别系统而言,为了获得良好的性能,高效、可靠的图像处理是必不可少的。在生理和行为生物特征识别中,使用认知智能和自适应学习方法是生物特征模式识别的新兴研究方向。

8.1 生物特征识别

生物特征辨识系统是一种自动模式识别系统,通过确定某人具有的特定的生理和/或行为特征(生物特征)的真实性,进行身份识别。生理生物特征标识通常包括指纹、手掌几何特征、耳朵形状、眼睛图案(虹膜和视网膜)、面部特征和其他生理特征。行为标识包括语音、签名、键盘击键方式和其他标识。

8.1.1 生物特征识别系统的组成

有学者将生物特征识别定义为,专注于测量与分析一个人的独特特征的研究领域。由于对可靠与方便的身份认证的需求的不断增长、成本的降低、政府和行业的采用的增加等一些因素的变化,现在生物特征识别系统越来越普及。

基于生物特征识别的身份认证具有诸多优势,例如,有了它就不会存在丢失或忘记的情况了,这与传统安全认证系统中的物理令牌(钥匙、卡片)或信息令牌(个人身份证号码、密码)不同;另外,生物特征识别系统的成本降低到了一个合理的范围,在商业市场上呈现出硬件与软件技术以及可访问性的不断改进,等等。由于这些优势,许多公共组织和私人组织使用生物特征识别系统,作为基于身份认证的访问控制的主要安全系统。Jain, Boelle, & Pankanti 等于 1999 年对不同类型生物特征标识进行了比较(表 8.1)。

表 8.1 不同类型生物特征标识的比较

生物特征	普适性	特殊性	持久性	可采集性	性能	可接受性	规避
人脸	高	低	中	高	低	低	高
指纹	中	高	高	中	高	中	高
虹膜	高	高	高	中	高	低	高
签名	低	低	低	高	低	高	低
语音	中	低	低	中	低	高	低
手背静脉	中	中	中	中	中	中	高
DNA	高	高	高	低	高	低	低

因此，特定标识的选择在很大程度上是系统架构师的任务，取决于对性能、成本、可访问性、培训、配置和系统维护的各种各样的要求。典型的生物特征识别系统的工作方式是采集个体的生物特征数据，从采集的数据中提取特征集，然后将这个特征集和数据库中的模板特征集比较。因此，生物特征识别系统的组成根据其功能性可以分为一些模块，通常包括传感器或数据采集模块、特征提取模块、匹配模块和决策模块等。

8.1.1.1 传感器或数据采集模块

不管是怎样的生物特征识别系统，其第一步都是通过各种仪器或传感器，例如摄像机、指纹传感器和传声器等，从来源（即个体）获取生物特征数据。用户的特征必须以合作（用户同意）或非合作（远程可观测）的方式提交给传感器。数据采集模块的输出是后续模块的输入数据（以图像或信号的形式）。生物特征数据采集可能会受到培训、经验或疲劳等人为因素，以及天气、光照和声音干扰等环境条件，使用的传感器的质量和类型，终端用户的合作情况等这些各种各样的因素的干扰。通常用注册失败率（FTER）来衡量这种数据采集过程的失败概率。图 8.1 显示了从人脸、签名、指纹、虹膜和语音识别系统获得的一些样本输入和采集的信号。

8.1.1.2 特征提取模块

特征提取模块使用图像处理或信号处理方法获取生物特征——高维数据源的子集，相对于比较整幅图像，比较（匹配）子集的速度更快。根据有关文献指出，特征应该是"每个人所特有的（用户之间的相似性非常小），不随采自同一个人的同样的生物特征的不同样本的变化而改变(用户内部的可变性非常小)"。

人脸	
签名	
指纹	
虹膜	
语音	

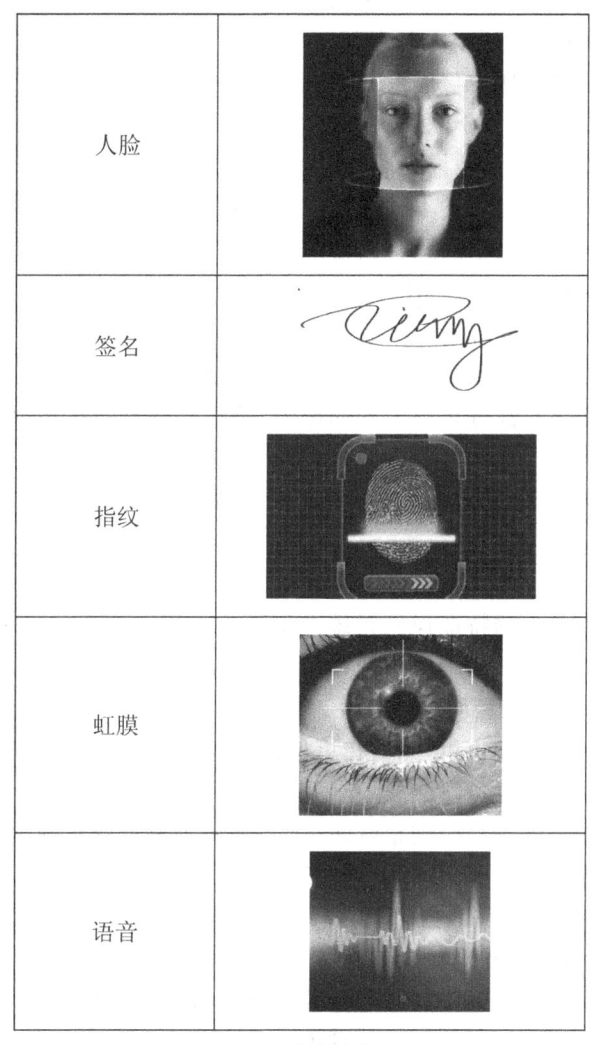

图 8.1　生物特征识别系统的样本输入和采集的信号

特征提取模块的初始任务是对获得的数据执行预处理,可能包括图像二值化、归一化或图像分割。通过这些处理来达到简化原始数据,把图像或信号转变成更有意义和更容易分析的表示形式的目的。例如,在基于虹膜识别的生物特征认证系统中,需要使用图像分割从输入的眼睛图像中分离虹膜区域;接着,对输入图像的分割部分做进一步处理,提取有意义的特征;然后,由这个模块获得的特征集,被当作模板存储到系统数据库中。

8.1.1.3 匹配模块

匹配模块是一个关键的模块,它的作用就是把在特征提取过程中从生物特征样本提取的特征集,与存储在生物特征数据库中的模板进行比较。匹配模块用于确定样本与模板之间的相似或相异的程度。这个步骤可以依靠多种距离度量,如基于欧几里得距离、闵可夫斯基距离、李雅普诺夫距离、马哈拉诺比斯距离、测地线距离,或其他基于距离的方法。它还可以依靠比较基于主成分分析(PCA)本征脸的人脸识别中的向量之间的距离,或者比较混沌神经网络方法中的簇与簇之间的距离。然后,把这些相似性或相异性分数传给最后一个模块,用于认证决策。

关于这个模块的开发已经有很多学者进行过大量的论述,并总结出了一些比较好的算法。由于所应用程序的设计有所差异,再加上应用场合、时间要求和资源可用性等多种因素的影响,使得这些算法在不同的生物特征识别系统中的差异非常大。在这个模块中,神经网络、主成分分析、支持向量机(SVM)和模糊逻辑等都是一些比较常用的算法。

8.1.1.4 决策模块

决策模块是生物特征识别系统的最后一个模块。在这个模块中,以特征之间的相似或相异的程度为依据,进行认证决策。这个模块考虑应用需求,做出最终的决策。例如,给定一个88%的匹配,在一种应用场合里,它可以被视为一个肯定决策,然而在更加鲁棒的应用场合里,同样的匹配率可能被视为一个否定决策。

对所有的生物特征识别系统来说,另外两个重要的组成部分是生物特征信息数据库和通信通道。生物特征信息数据库也可以称为系统数据库,它包括和管理所有提取的特征集(模板)。通过匹配模块可以访问这个组件,进行输入特征集与模板的比较。

通信通道或传输通道是指组件或模块之间的通信路径。在一些独立系统中,这种通道属于内部设备,而且可以分布于其他系统里。它包括一个具有许多远程数据采集点的中央数据存储器。如果涉及大量的数据,那么对于后续操作来说,在把数据发送到传输通道或者存储器之前,为了节省带宽和存储空间,可能需要进行数据压缩。

而且,在一些生物特征识别系统中,在传感器模块的后面,有一个确保采集的生物特征样本质量的质量检查模块,它也被纳入系统中(Jain, Flynn, & Ross, 2007)。如果采集的生物特征样本不满足所要求的标准,那么就需要重新采集受试者的样本。

图 8.2 显示了典型的生物特征识别系统的标准组成。

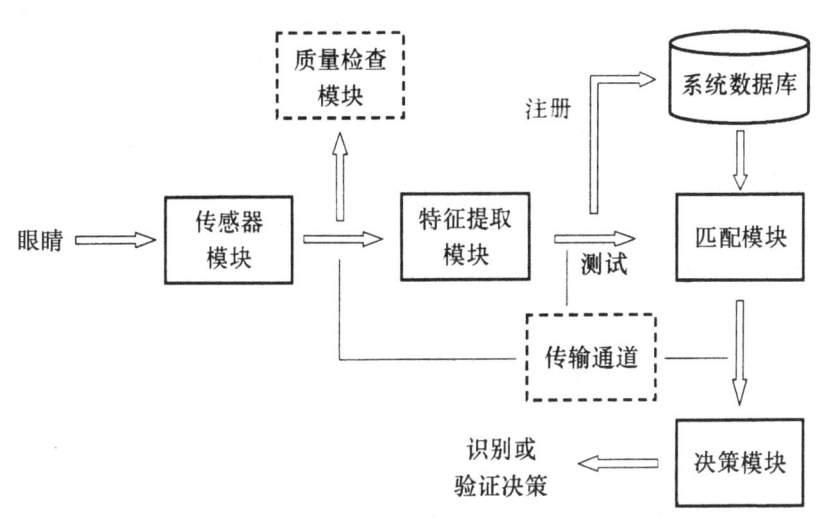

图 8.2 典型的生物特征识别系统的框图

8.1.2 生物特征识别系统在不同场合的应用

近年来,生物特征识别系统已经成功地部署在大量的实际应用中,一些生物特征识别技术的综合性能相当好。

8.1.2.1 政府部门

在政府部门中,政府机关将生物特征分析用于生物统计学应用。部署在美国的自动指纹辨识系统,是用于查找福利系统的重复注册、当地或国家选举的电子投票、驾驶执照的颁发等的主要系统。典型应用包括居民身份证、选民身份证明和选民身份认证、驾驶执照、社会福利分配、员工身份认证和军事项目。在几乎所有这些应用中,在身份证件里都是包含数字生物特征信息的。这些应用必须涉及大型数据库,这些数据库则包括数以百万计的样本,甚至可以对应于一个国家的大部分人口。传统上,这些应用主要是基于指纹扫描与辨识技术,而现在越来越多的系统则依靠人脸扫描和虹膜扫描技术。最后,生物特征护照通常使用以身份证件、签名、指纹和人脸等生物特征为基础的融合方法,因此可以提供更高级别的安全性。

8.1.2.2 司法部门

生物特征识别用于执法与司法鉴定领域已经早有历史,很多人对此并不陌生。指纹辨识系统是用于这个目的的最早的和使用最广泛的生物特征识别系统之一。这样的系统不仅可以把嫌疑人与犯罪现场联系起来，而且能够把在另一个名字下逮捕的人与其他潜在的相关案例联系起来，确定犯罪的受害者，并把相关人员与复杂数据库中的事件关联起来。

除了指纹外，司法部门还使用了其他的生物特征标识，包括人脸、签名、步态、语音和DNA。对于非常繁忙的场所，例如体育场、机场和集会等，可以通过人脸和步态进行监视。签名和语音能够被用于辨识罪犯。近年来，由于DNA匹配技术具有更高的可访问性，而且成本低，因此它越来越多地用于辨识罪犯。

8.1.2.3 民政和商业部门

多年来，民政和商业部门一直是各种生物特征识别技术的主要支持者、开发者和使用者。生物特征识别技术在这个部门的应用领域，包括社会服务、银行业务与金融服务、定时与考勤、电子商务、电子学习以及最近出现的虚拟现实。在美国几乎所有的州以及加拿大的大部分省份的社会服务项目中，生物特征识别得到了大规模的应用。例如，这些项目使用生物特征识别技术，防止发生以多次注册的方式进行欺诈的行为。

8.1.2.4 卫生部门

在卫生部门，生物特征识别可以对病人或卫生保健提供者进行身份验证，同时预防诈骗，并对病人信息进行保护。个人信息访问、病人辨识、有形与无形基础设施的访问控制等都是比较典型的应用。图8.3通过说明生物特征识别系统的应用领域，总结了上述的讨论。

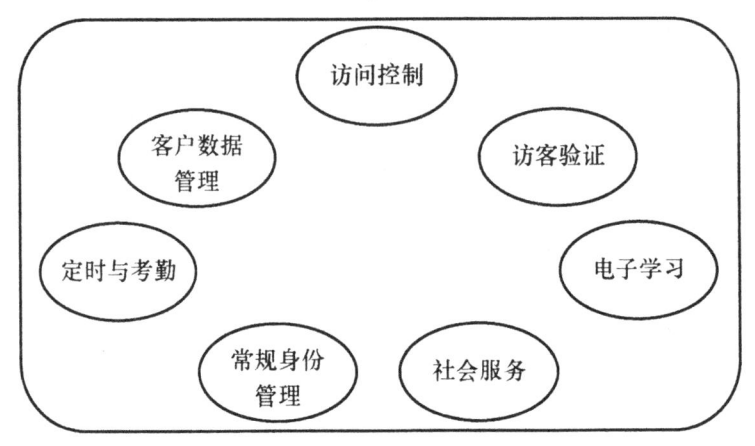

图8.3 生物特征识别系统的应用领域

8.2 生物特征识别中的图像处理

几十年来，许多政府和公共机构已经把生物特征认证用于访问控制。今天，生物特征识别的主要应用正从物理安全(使用基于身份证或令牌机制的标准安全辨识机制结合指纹生物特征，对接近特定位置进行监控)转向到远程安全(使用步态生物特征的基于视频监视的人群监测方法)。在过去的几年里，市场上新的技术设备层出不穷，每隔几个月处理大量数据的能力都会加倍。

如今，开发更为精确、可靠的身份辨识方法的需求不断紧迫，生物特征识别与模式分析方法的结合因能够提高结果的准确度从而提高安全保护的级别而日益普及。这里将探究智能生物特征数据处理的两组主要方法，即生物特征识别领域内众所周知的基于表观的方法和基于拓扑的信息驱动方法。

8.2.1 生物特征识别中基于表观的图像处理

从生物特征认证研究的整个范围来看，可以发现绝大部分的生物特征数据处理是使用图像处理与模式识别的方法和算法实现的。基于表观的方法是生物特征图像处理的主流方向，为了从原始图像提取生物特征，这种方法把整幅图像的表观作为一个实体或高维图像空间中的一个向量进行分析。像配色方案、方向、背景、亮度和饱和度这样的因素，或者逐像素地进行分析与处理，或者投影到子空间，使用诸如主成分分析(PCA)的方法进行分析与处理。基于人脸、虹膜和耳朵的生物特征识别是这方面比较典型的例子。

数字化、压缩、增强、分割、特征测量、图像表示、图像模型和设计方法等是文献中较为常见的使用解决生物特征数据处理问题的方法。图 8.4 对这些方法进行了总结，它们应用的方面不同。相信随着技术的发展，在所有阶段使用更智能的方法，从而优化处理和提高安全系统的整体性能都是可以实现的。

8.2.1.1 用于人脸识别的图像处理

在生物特征安全系统中，人脸匹配器通常用于人脸识别。它的主要目标是从图像中识别可辨认的面部特征，减少关键特征的数字代码，使它们与已知的人脸模板进行匹配。匹配器有两个输入,分别是输入图像和输入人脸图像数据库中的人脸图像,输出是单一的匹配人脸,或者是排序列表的前 n 个匹配,即前 n 个识别出的匹配人脸。就其本身而言,输出足以做出决定同意或者禁止访问给定的资源或安全资产,也适合作为排序级多模态生物特征识别系统的一部分进一步融合。

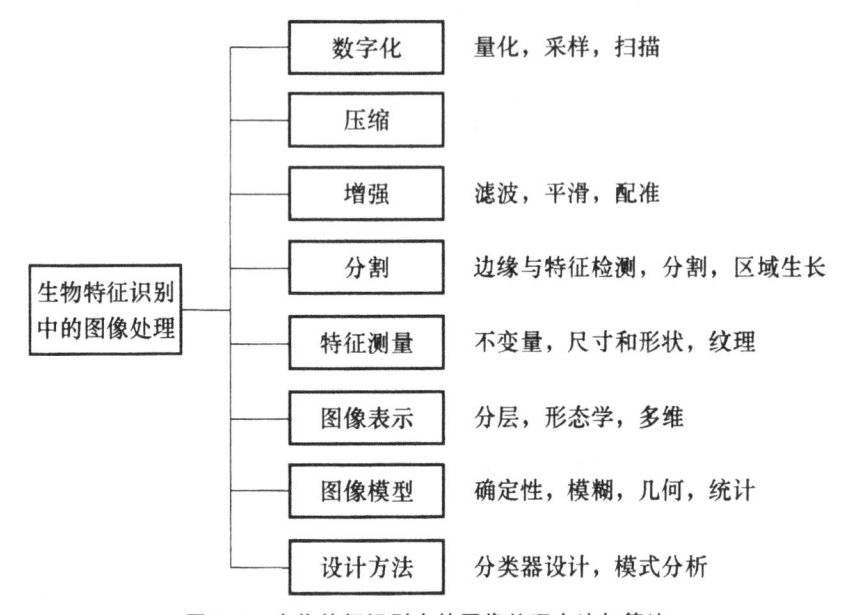

```
生物特征识别      ┌─ 数字化      量化,采样,扫描
中的图像处理  ────┤
                  ├─ 压缩
                  ├─ 增强        滤波,平滑,配准
                  ├─ 分割        边缘与特征检测,分割,区域生长
                  ├─ 特征测量    不变量,尺寸和形状,纹理
                  ├─ 图像表示    分层,形态学,多维
                  ├─ 图像模型    确定性,模糊,几何,统计
                  └─ 设计方法    分类器设计,模式分析
```

图 8.4　生物特征识别中的图像处理方法与算法

为了识别人脸,必须提取并选择人脸图像的第一特征,以最有效的方式表示数据的属性,用于以后在特征空间里进行匹配计算。目的是提取最重要的特征,在生物特征人脸空间中区分或分离个体。使用选定的距离(如欧几里得距离、闵可夫斯基距离、李雅普诺夫距离、马哈拉诺比斯距离和测地线距离等)度量空间,进一步计算这些特征之间的距离。如今已经存在许多选择和提取距离度量和特征的方法,可以根据具体问题细节等进行选择。例如,欧几里得度量常用于解决笛卡儿空间中的几何问题,而马哈拉诺比斯度量常用于方差的统计分析。

在各种人脸识别方法中,一些最常用且最有效的方法是基于表观的方法。主成分分析和线性判别分析(LDA)是这种方法的两个例子,它们的工作原理是降维和特征提取。研究者们利用不同实现方法的优势,提出了多种主成分分析与特征表示相结合的新方法。常用方法之一是使用费歇尔图像,这是一种用于人脸识别的主成分分析与线性判别分析相结合的方法。

第 8 章 智能图像处理

费歇尔图像法的优势可以归纳为以下几点:
(1) 这种方法可以获得子空间投影矩阵。
(2) 本征图像法试图最大化图像空间中的训练图像的散度矩阵,而费歇尔图像法在试图最大化类间散度矩阵(也称为人间散度矩阵)的同时,最小化类内散度矩阵(也称为人内散度矩阵),如图 8.5 所示。

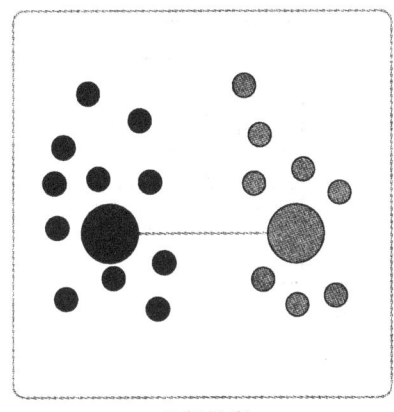

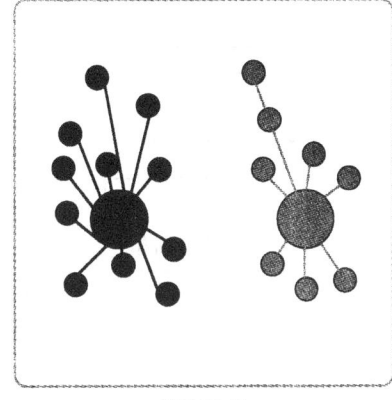

图 8.5 类间散度与类内散度的例子

(3) 在费歇尔图像法中,类别相同的人脸图像会映射得更近,而类别不同的人脸图像最终会进一步分离。

(4) 这种方法对噪声和遮挡更为鲁棒,而且抗光照、尺度和方向的变化,同时对不同的面部表情、面部毛发、眼镜和化妆不敏感。

(5) 费歇尔图像法可以有效处理高分辨率或低分辨率的图像,而且能够以较小的计算代价提供更快的识别速度。

为了完成费歇尔脸生成,需要执行以下任务(图 8.6 给出了费歇尔脸生成过程的总体流程图):

步骤 1:把测试用人脸图像投影到费歇尔空间,在费歇尔空间中测量未知人脸图像位置与所有已知人脸图像位置之间的距离。用同样的方式,可以把测试图像向量投影到分类空间。有一种计算投影之间距离的简单方法,是通过训练与测试分类空间投影之间的欧几里得距离进行计算。

步骤 2:在费歇尔空间中,选择与未知图像距离最近的图像。

步骤 3:在不考虑由步骤 2 已经得到的匹配图像的条件下,重复执行步骤 2,直到全部的已知人脸图像被选择,并且获得前 n 个最佳匹配图像的时候,算法停止。

随着科技的发展,新兴的智能图像处理应用对过去传统的人脸识别算法带来了很大的挑战。在新兴的智能图像处理应用中，基于弹性图匹配、神经网络学习器和支持向量机（SVM）的人脸识别技术等有着广泛的应用前景。这些方法不但能够识别常见且最明显的基于人脸生物特征的模式，而且非常适应多种环境变化、数据质量以及应用领域。

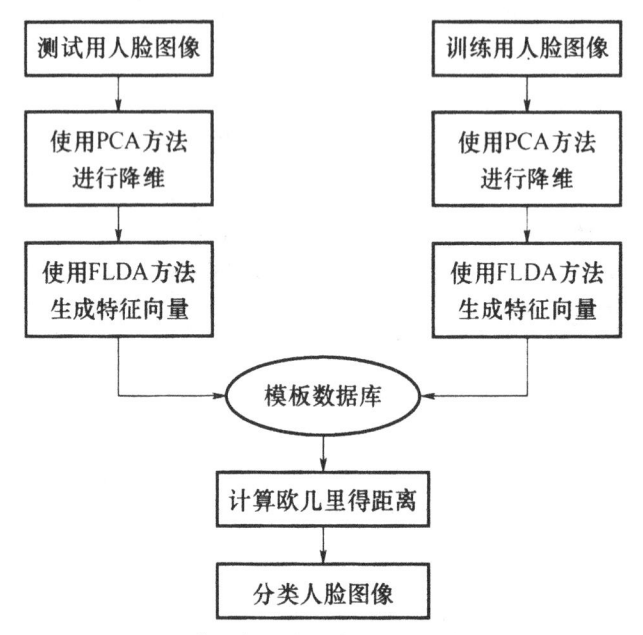

图 8.6　费歇尔人脸生成过程的总体流程图

在这些方法中，人们更多的关注基于神经网络学习器和减少输入数据向量的复杂性的方法。这个人脸识别的新方向，可能非常有助于克服生物特征数据的高复杂性和高维性。这类方法的目标是把数据从高维空间转换到低维空间，并且不丢失信息。通常，较低的维度可以最大化数据的方差。当使用训练样本的多个特征时，数据的高维性就会成为生物特征识别系统的典型问题。随着维度数量的增大，识别算法的设计复杂度也显著增长。

聚类方法是常用的降维方法。在聚类中，根据集合中的元素的相似性，使用一些相似性度量，对元素进行分组。聚类通常用于设计一组边界，使得能够更好地理解数据（以结构化数据为基础）。聚类的其他用途包括索引和数据压缩。对于低质量的数据，先在原始空间中创建一个有意义的子空间，然后把这个降维向量空间提供给神经网络或进化方法学习器，就可以获得准确度更高的结果和更好的系统可持续性。

8.2.1.2 虹膜识别算法

虹膜是一个环绕眼睛瞳孔的清晰可见的环。它是一种肌肉组织,能够控制进入眼睛的入射光量,并且具有可以测量的错综复杂的细节,例如条痕、圆盘状结构和皱纹。虹膜识别系统首先需要产生虹膜的可测量的特征,然后存储这些特征用于以后与新的虹膜辨识或验证算法进行比较。

其实,虹膜处理在某种程度上类似于人脸识别模式匹配,只是特别考虑了虹膜的生理结构。它同样是以表观特征检测方法为基础的。

有研究人员曾提出这样一种虹膜识别方法:在对虹膜图像进行预处理并使用霍夫变换与二维伽伯小波编码之后,利用汉明距离进行虹膜匹配的。图 8.7 显示了完整的虹膜代码生成过程。

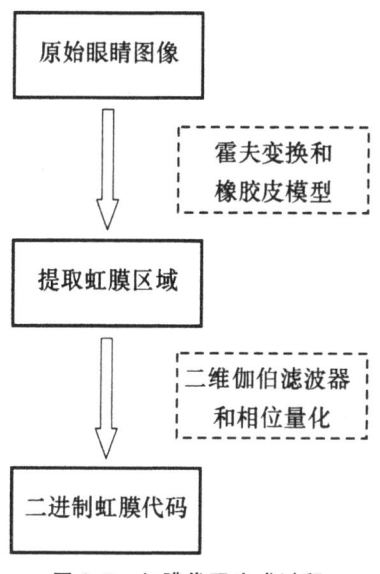

图 8.7 虹膜代码生成过程

首先需要使用基于霍夫变换的自动分割算法定位眼睛图像的虹膜部分,即虹膜的范围是从角膜(外边界)内到瞳孔(内边界)外之间的区域。霍夫变换法是确定数字图像中某些类型特征的位置和方向的一种通用方法,它具有简单易实现,能够较好地处理缺失和遮挡的数据,并且可以适应除直线形式外的多种形式等许多优点。霍夫变换法可以用于从眼睛图像中分割虹膜。为了提取虹膜区域,采用了霍夫变换拟合圆的方法,也就是说,在霍夫空间中通过一种投票机制提取环形的虹膜边缘点。对原始眼睛图像分别使用水平梯度模板和垂直梯度模板进行卷积运算,可以生成两幅边缘检测图像,能够有效地确定虹膜边界。

然后在眼睛图像中定位瞳孔和虹膜之后,就可以存储两个圆(瞳孔和虹膜)的半径和圆心坐标 x 与 y。使用霍夫变换检测直线,对上下眼睑进行直线拟合,可以分离出眼睑。另一条与第一条直线相交的水平线,可以用于分离眼睑区域。把虹膜区域变换到极坐标系统有助于进行特征提取。因为瞳孔部分没有生物特征,所以其在这个转换过程之前就被排除在外了。然后,应用极坐标变换把不同虹膜的典型特征转换到相同的空间位置。在虹膜区域中,可以使用橡胶皮模型重新映射每一点,得到一对极坐标(r,θ),其中 r 在区间$[0,1]$内取值,θ 是角度变量,在区间$[0,2\pi]$内循环取值。由下式,可以对虹膜区域的重映射进行建模,即

$$I(x(r,\theta),y(r,\theta)) \to I(r,\theta)$$

其中

$$x(r,\theta) = (1-r)x_p(\theta) + rx_i(\theta)$$
$$y(r,\theta) = (1-r)y_p(\theta) + ry_i(\theta)$$

这里,$I(x,y)$ 是虹膜区域图像,(x,y) 是原始笛卡儿坐标,(r,θ) 是相应的归一化极坐标,(x_p,y_p) 和 (x_i,y_i) 分别是瞳孔和虹膜边界沿 θ 方向的坐标。

接下来,通过一个解调过程,可以把归一化的虹膜模式编码成虹膜代码。在这个解调过程中,使用二维伽伯小波提取相位序列,即

$$h_{\{Re,Im\}} = \text{sgn}_{\{Re,Im\}} \int_\rho \int_\varphi (\rho,\varphi) e^{-i\omega(r_0-\rho)^2/a^2} e^{-(\theta_0-\varphi)^2} e^{-(\theta_0-\varphi)^2/\beta^2} \rho d\rho d\varphi$$

式中:$h_{\{Re,Im\}}$ 是一个复值位,它的实部和虚部的取值可以是1或0,这取决于二重积分的符号;(ρ,φ) 是原始虹膜图像;α 和 β 是多尺度二维小波的尺度参数;ω 是小波频率;(r_0,θ_0) 是计算相位复向量位 $h_{\{Re,Im\}}$ 的虹膜每个区域的坐标。

下一步是比较两个代码字,查明它们是否代表同一个人。这时候就会用到汉明距离法。基于汉明距离的虹膜识别被认为是到目前为止最强大的生物特征识别技术之一。这种方法的思想是两个虹膜特征向量之间的汉明距离越大,那么它们的差异就越大。两个布尔虹膜向量之间的汉明距离定义为

$$HD = \frac{\|C_A \otimes C_B \cap M_A \cap M_B\|}{\|M_A \cap M_B\|}$$

式中:C_A 和 C_B 为两幅虹膜图像的系数;M_A 和 M_B 为两幅虹膜图像的掩膜图像;$\otimes$ 是显示相应的两位之间差异的逻辑异或运算符;$\cap$ 是显示比较的两位都没有受到噪声影响的逻辑与运算符。由于处理或距离计算中存在噪声

或误差,因此即使特征点完美匹配,两幅虹膜图像也可能不完全一样,这一问题在其他方法中是同样存在的。它们在客观存在的生物特征安全系统中的实际应用问题是数据采样、可用性和处理成本。

与人脸识别方法一样,所产生的前 n 个匹配作为输出的结果。当虹膜处理模块是多模态生物特征识别系统的一部分时,也可以考虑对这些匹配使用信息融合。然后,根据汉明距离按照升序对模板进行排序,前 n 个模板可以用作排序级融合的输入。

8.2.1.3 基于表观的耳朵识别

由于存在人脸、指纹和虹膜等更被普遍接受的用于身份认证的生物特征,因此,虽然作为人的一种生物特征,耳朵在商业应用中却并没有得到足够的重视。但实际上耳朵的生物特征并非不值一提,它也具有某些特性,例如可以进行图像处理(与人脸特征类似),不随时间改变,每个人的耳朵都相当独特,并且使用传统的图像采集方法可以获得(也就是说,使用摄像机或者从人脸侧影图像中提取)。

如今已经有很多常用的着眼于耳沟和耳谷的耳朵识别方法,其使用最小化方法寻找常见的耳朵特征(类似于指纹细节匹配)。前文描述的基于本征脸或费歇尔脸的表观方法对于耳朵识别也同样有效。因此,可以对归一化处理后的耳朵图像进行特征提取。有多种方法可以从耳朵图像中检索特征,例如基于几何距离度量和 Haar 小波变换的方法。

首先,从耳朵数据库获取一幅样本均值图像;然后,直接对图像像素使用降维方法。可以使用最大方差展开(MVU)法、拉普拉斯本征映射(LE)法、多维尺度(MS)法或子空间聚类(SC)法等从这些信息中提取有用特征。选择一小部分最显著的耳朵特征,作为这个步骤的结果。

然后,确定用于识别目的的本征向量的适当数量。为了达到这个目的,可以考虑前 k 个本征向量(基于相应的本征值进行排序),使用一种两值之间具有低相关性的方式选择 k 的取值。对于识别阶段而言,这样处理本征向量非常重要。为了说明这个概念,图 8.8 显示了通过子空间聚类降维法从原始数据得到的不同本征向量的相关率。首先基于前两个本征值重建初始的三维数据,然后聚类二维投影矩阵,最后聚类三维初始数据集。

8.2.2 基于拓扑的智能模式识别

基于拓扑的方法非常适用于具有显著的几何特征的生物特征数据,例如指纹或手掌生物特征。本节重点探究基于拓扑的指纹识别。

专家们一致认为,指纹匹配的主要方法通常可以分为三类:

(1) 基于相关的匹配方法。在该方法中,重叠两幅指纹图像,然后计算对应像素之间的相关。

(2) 基于细节的匹配方法。在该方法中,从两幅指纹图像中提取细节集,然后在二维平面上进行比较。它是比较常用的方法之一,可以产生非常好的匹配结果。

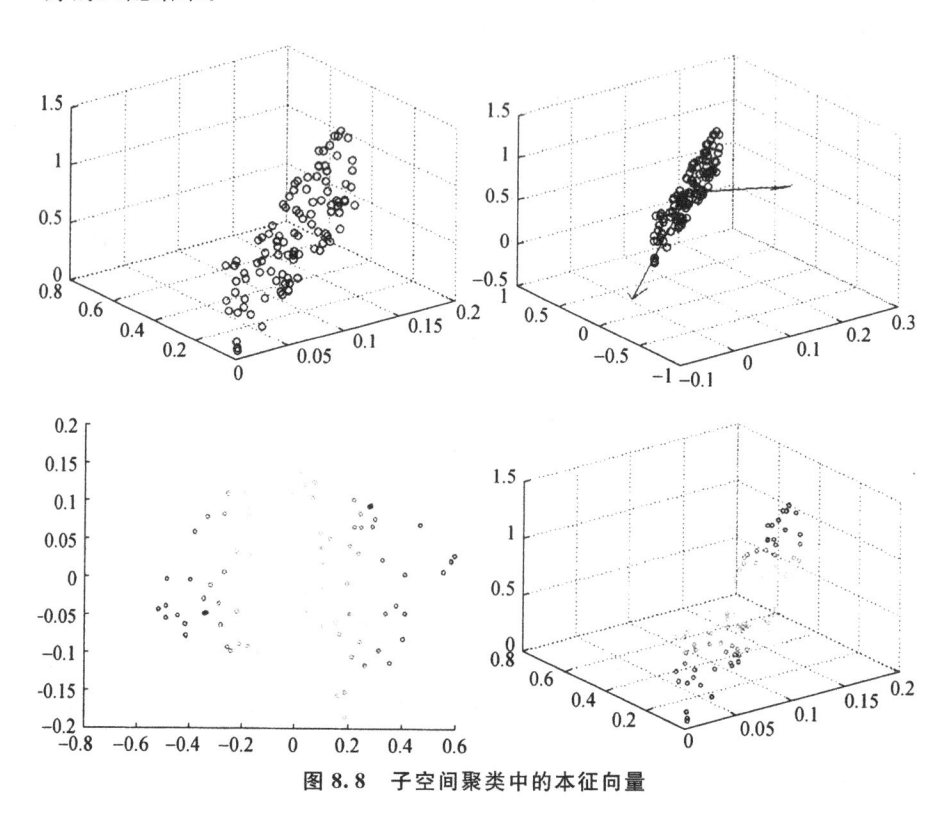

图 8.8 子空间聚类中的本征向量

(3) 基于脊线特征的匹配方法。该方法是以包含方向信息的脊线几何为基础的。

为了追求完美,研究者们设计出大量的用于降低 FAR(错误接受率)和 FRR(错误拒绝率)的方法,计算几何就是这样一种方法。研究人员在指纹匹配中,有的使用 Delaunay 三角形作为比较索引,也有使用 Voronoi 图对人脸进行区域划分和面部特征提取。当模板图像中两点之间的距离增加时,指纹匹配的另一个问题就会凸显,即在对应的图像中,匹配点对变得更加具有挑战性。有研究表明,小于 10% 的局部变形会导致整体变形达到边缘长度的 45%。为此,加拿大卡尔加里大学生物特征识别技术实验室还开发了全局与局部指纹匹配和应用径向基函数进行变形建模相结合的方法。这种方法把 Delaunay 三角剖分的几何不变量特征用于指纹的细节匹配和奇异点比较。它作为指纹识别系统整体的一部分得到了实现，并且显示可以抗弹性变形。细节匹配算法是以经典的指纹匹配技术为基础的，在算法实现过程中使用了 Delaunay 三角剖分方法。使用 Delaunay 三角剖分会带来独特的挑战和优势：①选择 Delaunay 边而不是细节或整体细节三角形作为匹配索引，为比较两个指纹提供了一种更容易的方法；②这种方法与变形模型相结合，在指纹弹性变形的情况下，有助于保持结果的一致性；③为了提高匹配性能，引入了基于空间关系和脊线几何属性的特征，并进一步与来自奇异点集和细节集的信息相结合，提高匹配精度。图 8.9 表示的是通用指纹辨识系统的流程图。其大体可分为三个独特的阶段：使用 Delaunay 三角剖分辨识特征模式→使用径向基函数（RBF）构建手指变形模型和对齐图像→根据从脊线几何提取的附加拓扑信息，使用全局匹配计算综合匹配分数。

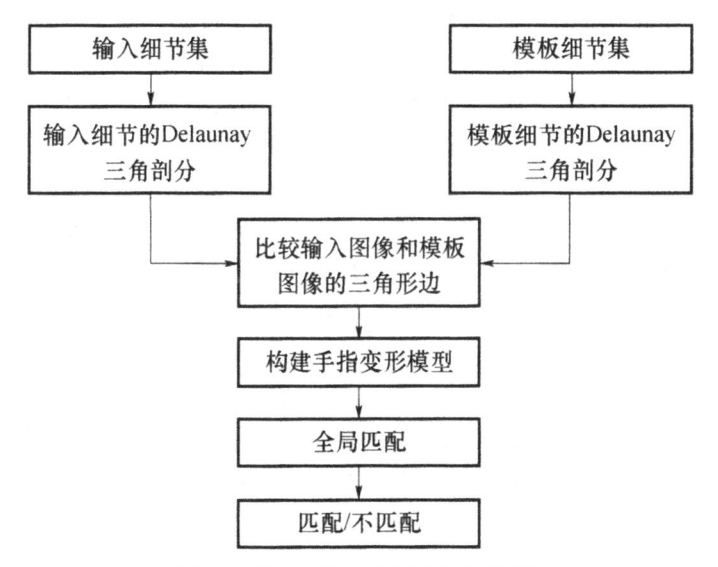

图 8.9　通用的指纹辨识系统的流程图
（Wang, Gavrilova, Luo, & Rokne, 2006）

变形问题是由手指固有的灵活性产生的。手指压在平面上，会引入需要考虑的畸变。性能优良的指纹辨识系统，应该一直具有补偿这种变形的功能。对此，有研究人员提出了一个针对局部、区域和全局的指纹变形的量化与建模的框架。这种方法是以使用径向基函数（RBF）为基础的，对于变形行为建模的问题而言，是一种实用的解决方案。对指纹匹配算法来说，变形问题可以描述成已知细节集的特定控制点的一致变换,并且已知如何给不是控制点的其他细节插入变换。对此方法这里不再赘述。

8.3 多模态生物特征识别中的信息融合

控制进入禁区和保护重要的国家利益或公共利益,是安全与情报服务的主要工作。生物特征识别系统频繁地用于判断某人是否允许进入禁区。但是,与依靠两种以上的信息来源进行决策的系统相比,仅基于单一信息来源的系统可能由于较高的误差率而无法正常工作。而且,现有的具有最强大的算法的生物特征识别系统,也不能提供完全可靠的结果,尤其是当处理含噪、错误或伪造的数据时,系统性能会更低。因此,多模态生物特征识别系统作为一种强有力的方法出现了,能够帮助缓解一些单一生物特征识别的不足。

多模态生物特征识别系统能够融合多种生物特征、实例、算法或原始数据样本,提高整体性能。性能是根据识别准确度、内存需求量、安全性(抗攻击、欺骗或伪造)和规避(即使对含噪或低质量的数据,或者同时缺少某种类型的数据,也能够产生一致结果的能力)进行评估的。为了研究系统的准确度,在识别层面分析时,必须对参数进一步分级。诸如错误接受率(FAR)、错误拒绝率(FRR)和两者的组合等指标,经常用于进一步评估生物特征识别系统在现实生活中配置安全应用程序的可能性。

多模态系统的优势,来自于有多个信息源的事实。多个信息源对系统的最显著的影响,是更高的准确度、更少的注册问题和增强的安全性。所有的多模态生物特征识别系统,都需要一个融合模块,用于获取个体数据并将其融合,以便得到认证结果:假冒者或合法用户。融合模块中的决策过程可能像对一位数值执行逻辑运算一样简单,也可能像使用模糊逻辑和认知信息学原理开发的智能系统一样复杂。

8.3.1 多模态生物特征识别系统的特点及开发问题

单一的生物特征可能不会总是满足安全系统的要求,但是不同生物特征属性的组合将会满足要求。最佳的生物特征识别系统拥有诸多属性,如特殊性、普遍性、永久性、可接受性、可采集性和安全性。关键是把数据和从单独的(单模态)生物特征识别系统接收的响应做出的智能决策进行融合。

8.3.1.1 多模态生物特征识别系统的特点

多模态生物特征识别系统是一种新颖且非常有前途的生物特征知识表达方法，力图通过整合多个生物特征属性提供的证据，克服单一生物特征匹配器的问题。例如，多模态系统可以使用人脸识别和签名进行身份认证。图 8.10 显示了一个多模态生物特征识别系统的范例。

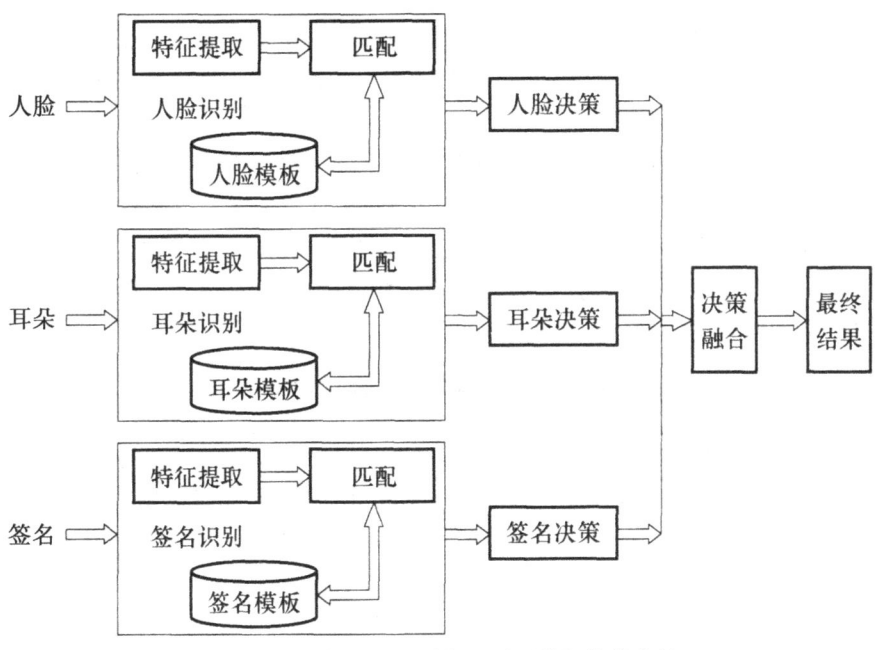

图 8.10 多模态生物特征识别系统架构的范例

与单模态系统相比，多模态生物特征识别系统由于使用了多个信息源而具有显著的优点。

（1）增强且可靠的识别性能。在验证和辨识模式中，多模态系统需要更大程度地保证适当的匹配。一方面，多模态生物特征识别系统所使用的多个生物特征中的每一个都能够提供任何身份声明的真实性的额外证据。例如，如果两个人步态（运动模式）相似则只基于步态模式分析的单模态生物特征识别系统可能会导致错误识别，而多模态生物特征识别系统则会通过其他特征如指纹匹配等进行识别，从而提高识别率。另一方面，多模态生物特征识别系统还能够有效地处理含噪数据或低质量数据。如果从单一特征获得的生物特征信息受到噪声影响而不可靠，其他可用的特征仍然可以让系统在安全方式下工作。例如，语音信号因噪声而不能被准确地测量，这时候面部特征可以用于身份认证。

（2）较少的注册问题。多模态生物特征识别系统可以解决一部分人的生物特征缺失或者不适用于识别等这类非普适性问题，因此能够显著地降低注册失败率。依靠系统设计，一些多模态生物特征识别系统甚至可以在缺少其中一种生物特征样本的情况下执行匹配。例如，基于指纹和人脸的多模态系统中，如果某人因指纹有疤痕而无法在系统注册指纹信息，这时就可以使用此人面部特征来进行身份认证。

（3）增强的安全性。由于需要同时伪造多个生物特征来进行欺骗，多模态生物特征识别系统给假冒者带来了更大的挑战，使假冒者难以伪造合法注册人的生物特征。

多模态生物特征识别系统也可以作为一个容错系统。例如，当遇到传感器故障、软件问题、样本数据不可用或质量极低等情况导致某些生物特征识别模块停止工作时，不会影响多模态系统继续执行它们的功能，且能输出相对可靠的结果。并且，获得的数据的质量越高，多生物特征识别系统的总准确率通常会变得越好。

8.3.1.2 多模态生物特征识别系统的开发问题

开发用于安全目的的多生物特征识别系统是一项非常复杂的工作。就单模态系统来说，数据采集过程、信息来源、期望的准确度级别、系统鲁棒性、用户培训、数据保密、对于硬件的正常运行和适当的操作程序的依赖性，这些都直接影响安全系统的性能。使用多个数据源确实可以缓解如含噪数据、缺失样本、采集错误和电子欺骗等一些问题，但这不是凭空而来的，需要集成或融合的生物特征信息，确定信息融合方法，还需要进行成本与效益分析，开发处理流程，以及培训系统操作员。

（1）便于数据采集过程。设计一个方便的系统接口有利于生物特征信息的有效采集。例如，在一个基于人脸、耳朵和指纹的多模态生物特征识别系统中，如果能够同时（或一站式）获取三种生物特征标识会比让用户分别提供这三种生物特征标识更方便一些。

（2）信息来源。多生物特征识别系统是以多个生物特征信息源为基础的。多种生物特征信息可以来自多个标识，也可以来自单一标识但有多个样本或实例，或者来自两者的组合。在这样的系统中，生物特征信息源取决于应用的必要性和场景、生物特征信息的可用性、与生物特征信息采集过程相关的成本、模式匹配与信息融合算法的选择等多种因素。

（3）生物特征信息的选择。从最初的采集原始数据到最后获得最终匹配或不匹配决策的每一个阶段都可以进行生物特征信息集成（或融合）。在多生物特征识别系统中,提取的特征、匹配分数或最终的排序列表等都可以进行集成,关键在于要确定需要融合的信息。通常,集成取决于应用场合与信息的可用性。例如,在一些多生物特征识别系统(特别是在商品化的生物特征安全系统)中,只可以得到最后的决策。在这种情况下,这些多生物特征识别系统只能进行决策融合。

(4) 信息融合方法。多生物特征识别系统中所有类型的信息融合,都有许多可供选择的算法,具体选择何种方法,取决于系统的设计者、方法的先前表现和系统的鲁棒性要求。

(5) 成本与效益。开发多生物特征识别系统比基于单一生物特征的安全系统需要更高的成本。传感器的配置数量、采集生物特征数据的耗时、用户或系统操作员的经验,以及系统维护等都决定着成本的高低。为此,一定要对通过开发多生物特征识别系统可以获得的潜在效益有一个明确的分析。

(6) 处理流程。系统的采集或数据处理将如何发生是多生物特征识别系统设计中一个非常重要的问题。预先决定采集或处理数据的流程是很有必要的,可以采取按照顺序或并行的方式。

数据采集流程有两种可供选择的方式。在串行数据采集过程中,按照顺序采集多生物特征数据,间隔时间很短;在并行数据采集过程中,所有的多生物特征数据并行采集,这使得系统比串行数据采集系统更快。

在数据处理阶段,任何多生物特征识别系统都可以使用并行模式或级联模式。在级联模式中,生物特征数据处理是按照顺序依次发生的;而在并行生物特征数据处理中,同时处理全部生物特征数据,并用于身份认证过程。图 8.11、图 8.12 分别说明了多生物特征安全系统的级联处理和并行处理流程。

8.3.2　生物特征信息融合

有人给信息融合的定义为"一种为了实现对参数、特性、事件和行为的精神估计,联系、关联和组合来自单个或多个传感器或信号源的数据与信息的信息处理"。通过良好的信息融合方法能够有效降低不太可靠的信息源产生的影响。

信息融合在机器人技术、图像处理、模式识别和信息检索等许多不同的研究领域得到了应用,其影响巨大,以至于发展成为一个独立的研究领域。例如,"数据和特征融合"的概念最初出现在多传感器处理中,长期以来,信息融合一直用于工程和信号处理领域,以及决策制定和专家系统。到目前为止,它的应用所带来的益处已经在许多研究领域中发现。图8.13显示了在系统的早期阶段融合源信息的信息融合系统的基本组成框图。

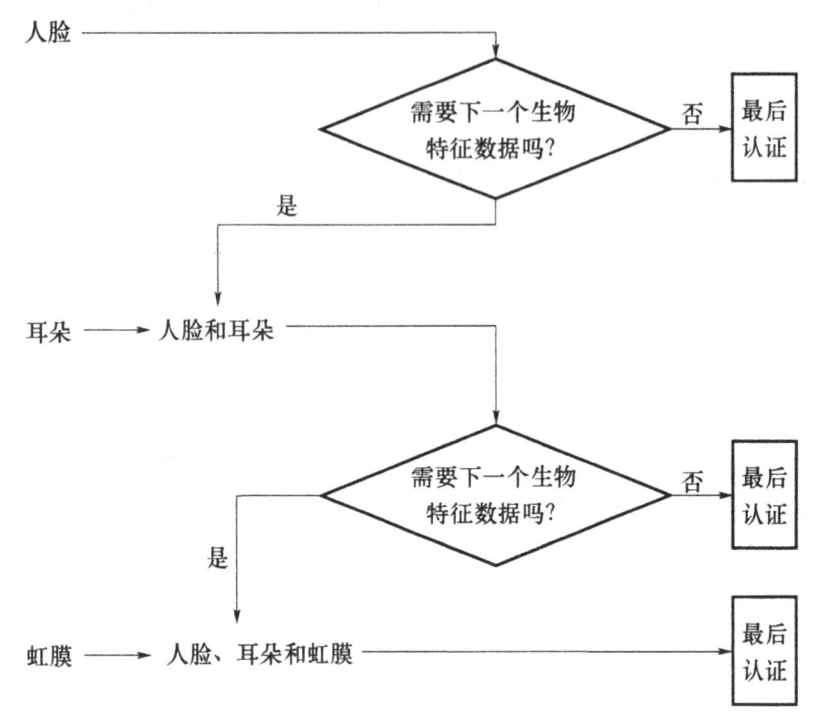

图8.11 多模态生物特征数据处理流程:级联模式

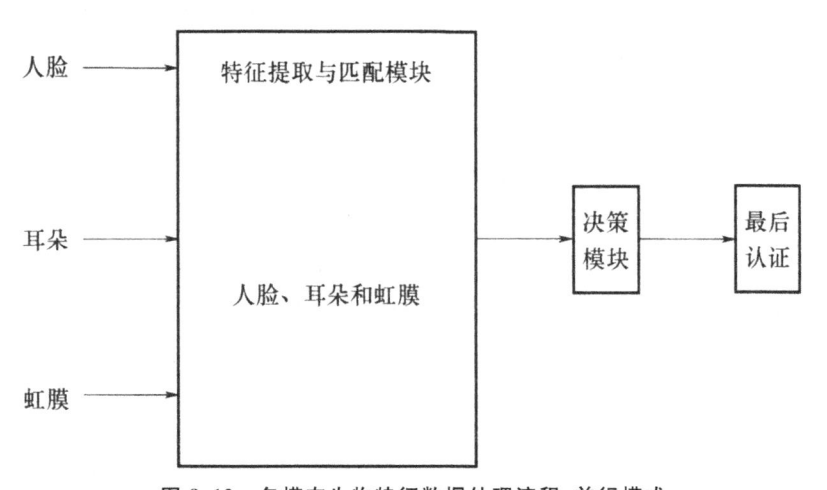

图8.12 多模态生物特征数据处理流程:并行模式

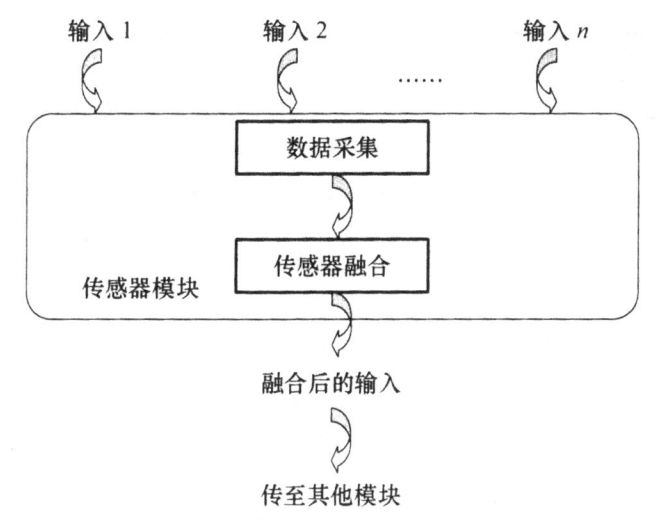

图 8.13 传感器信息融合系统框图

多模态生物特征识别系统的主要目标是提高系统的识别性能,克服与单模态生物特征识别系统相关的局限,使系统鲁棒。研究者们为多模态生物特征认证系统提出并开发了一些使用不同的生物特征和不同的融合机制的方法。多模态生物特征识别系统使用多个生物特征信息源,在分析、索引和检索这样的信息时必然会涉及信息融合。对于任何特定的信息,有多种融合技术,要结合应用的必要性和融合技术的性能综合分析再做出选择。通过图 8.14 可以对多模态生物特征融合分类有一个掌握。匹配前融合与匹配后融合的合理级别如图 8.15 所示。

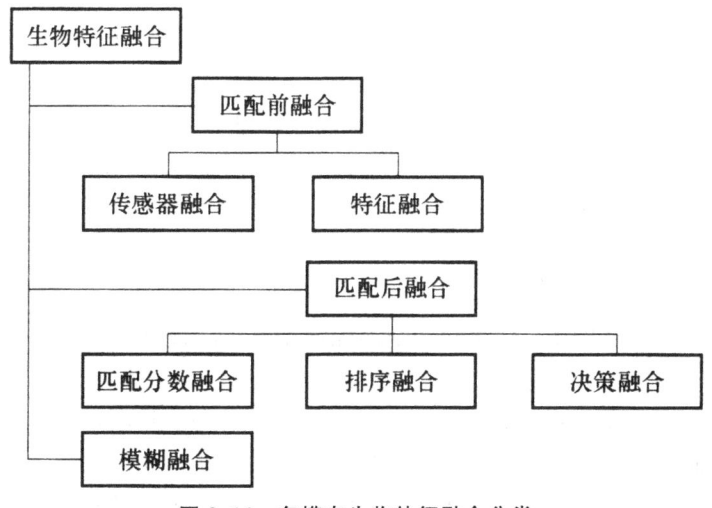

图 8.14 多模态生物特征融合分类

图 8.15 匹配前融合与匹配后融合的合理级别

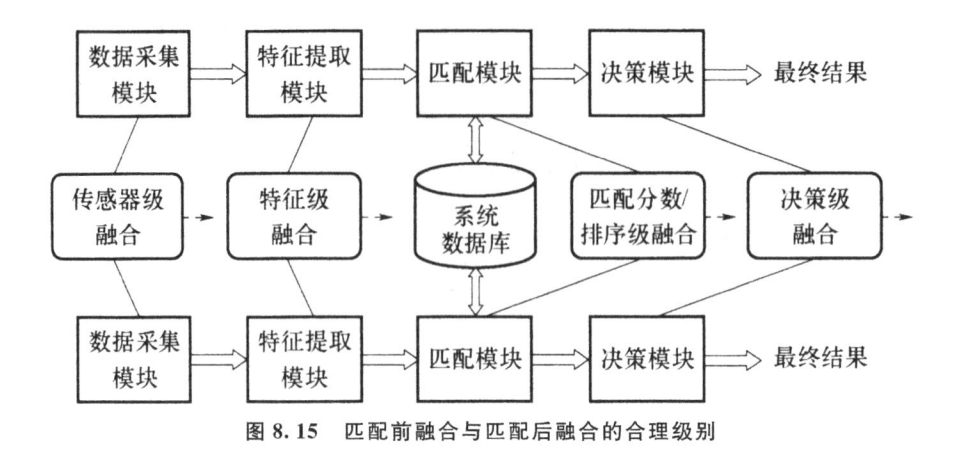

8.3.2.1 匹配前融合

匹配前融合可以整合数据样本与用户样本进行匹配或比较前的证据。更早阶段的生物特征源与处理后的生物特征源相比,包含更多的信息。但由于存储原始数据的额外成本及开发匹配方法的额外复杂性,这种方法的实用性不强。

(1)传感器级融合。在这个融合级别中,处理和集成从多个传感器采集的原始数据,生成新的融合数据,从而可以提取特征。传感器级融合可以用于使用多个传感器采集相同的生物特征标识的场合,或者用于使用单一的传感器采集相同的生物特征的多个样本时。

(2)特征级融合。特征级融合可以整合从多个数据源提取的多个特征集。例如,为了构造一个新的高维特征向量,可能会把人脸的几何特征与本征向量结合起来。通过对提取的特征进行模板完善或模板增强,可以实现特征级融合。因为有更多的原始信息可以用于融合,而匹配后融合方法也许难以获得这些原始信息,因此可以推测这种融合方法会产生比其他融合方法更好的结果。当然这种方法也会遇到一些困难,如维数灾难问题,这时候需要通过一些降维技术(例如空间变换、聚类等)解决这个问题。

8.3.2.2 匹配后融合

匹配后融合是在个体生物特征匹配或比较之后整合信息。这种方法比匹配前融合方法更容易实现,大多数多模态生物特征识别系统一直使用这类融合方法融合所需的信息。这一类中的匹配分数、基于匹配分数或个体生物特征识别决策(是或否)的排序列表(排序的顺序),可以用于融合。

(1)匹配分数级融合。该法可以整合不同分类器生成的匹配分数,能够用于大多数的多生物特征识别场合。例如，这种融合方法能够融合由两种用于两个指纹实例的不同算法得到的匹配分数，或从人脸匹配器和虹膜匹配器得到的匹配分数，或由三种分别用于人脸、指纹和手的不同的匹配器产生的匹配分数等。

对于来自不同算法的不同的匹配分数，因为可能不会同时具有相同的基本性质或分数范围，所以分数归一化（如最小-最大值法、小数定标法、z分数法、中值法、绝对中位差法和双 S 形曲线法等）在匹配分数级融合方法中是必要的。归一化处理是耗时的，选择了一种适当的归一化方法有利于提高识别准确度。图 8.16 举例说明了多模态生物特征识别系统的匹配分数级融合。有研究人员对这一方法进行相关研究，发现该法在错误接受率和错误拒绝率方面表现出优异的性能，实验结果令人鼓舞。

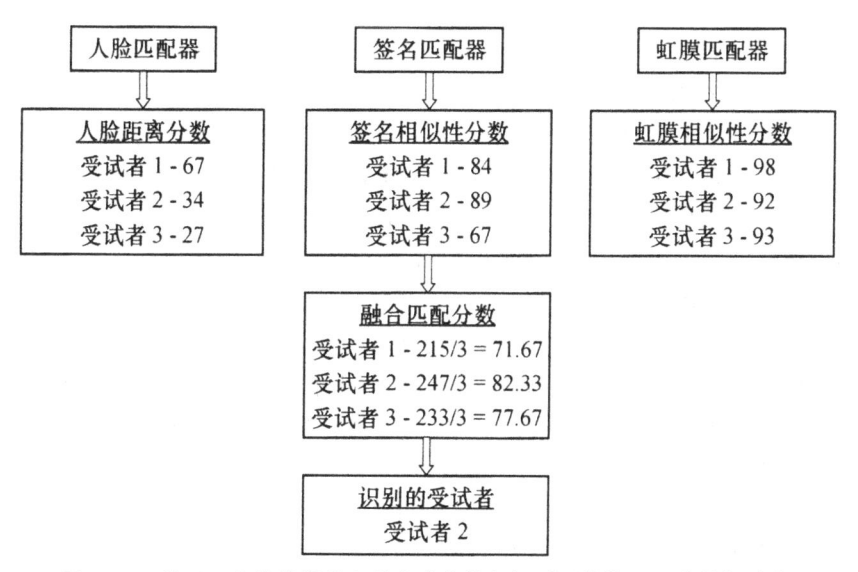

图 8.16　基于 3 个分类器的多模态生物特征识别系统的匹配分数级融合

（2）排序级融合。排序级融合可以整合由几个生物特征匹配器得到的多个排序列表，形成一个最终的排序列表，这将有助于建立最终的决策。一些工业用生物特征识别设备通常只输出带有用户身份的排序列表。在这些情况下，可能无法得到与匹配分数或特征有关的信息。而且，在一些生物特征识别系统中，来自匹配器的匹配分数不适用于后续的融合。因此，可以使用排序级融合方法对多个来源的用户身份辨识的可信度做出决策。

下面介绍一些最常用的排序融合方法的具体算法。

① 波达计数排序融合法。这是一种每个分类器为所有身份形成一个优

先排序的过程。这种方法正常工作的假设条件是分配的排序是独立的,并且匹配器的质量是相似的。每一类的波达计数表示匹配器对输入模式属于该类的共识。该法是应用最广泛的排序融合方法,它使用由各个匹配器确定的排序总和,计算最终的排序。

算法 8.1:波达计数法

步骤 1:从不同的生物特征分类器得到 3 个排序列表。

步骤 2:对所有的排序列表,进行如下步骤。

步骤 2a:对 3 个排序列表中所有的身份,进行如下步骤。

步骤 2a(i):利用下面计算波达总分数的等式,求出每一个身份的波达总分数,即

$$B_c = \sum_{i=1}^{n} B_i$$

式中:n 为排序列表的数量;B_i 为第 i 个排序列表中的波达分数。

步骤 3:按升序对 B_c 进行排序,用相应的身份进行替换。

这种方法的优点是很容易实现,不需要训练阶段。这些属性使得把波达计数法整合进多模态生物特征识别系统是可行的。缺点是不考虑单个匹配器的能力差异,假设所有匹配器的运行效果一样好。但是在大多数实际的生物特征识别系统中,这种假设通常是不成立的。这使得波达计数法极易受到弱分类器的影响。

②逻辑回归排序融合法。这是波达计数法的一种变体,通过计算各个排序的加权和,实现排序级融合。在这种方法中,根据单个匹配器对身份的排序与权重乘积的和,对身份进行排序,可以得到最终的共识排序。

算法 8.2:逻辑回归法

步骤 1:从不同的生物特征分类器得到 3 个排序列表。

步骤 2:给所有的排序列表分配不同的权重。

步骤 3:对所有的排序列表,进行如下步骤。

步骤 3a:对 3 个排序列表中所有的身份,进行如下步骤。

步骤 3a(i):利用下面计算波达总分数的等式,求出每一个身份的波达总分数,即

$$R_c = \sum_{i=1}^{n} W_i R_i$$

式中:n 为排序列表的数量;R_i 为第 i 个排序列表中的波达分数;W_i 为分配给第 i 个分类器的权重。

步骤 4:按升序对 R_c 进行排序,用相应的身份进行替换。

这种方法的优点是通过多次系统试运行和应用常识,可以获悉系统的

识别性能,而识别性能决定了给各个匹配器分配的权重。当不同的匹配器在准确度上存在明显差异时,这种方法非常有用,但是需要一个用于确定权重的训练阶段。缺点是,生物特征样本的质量会对生物特征识别系统性能有直接影响,单一匹配器的性能会随不同的样本集而变化,这使得权重分配过程更加具有挑战性。如果权重分配不合适,使用逻辑回归法就会降低这个多模态生物特征识别系统的识别性能。因此,在某些情况下,逻辑回归法不能用于排序融合。

③多数投票排序融合法。这是一种考虑个体偏好次序信息的位置排序融合方法。但是,这种方法并不考虑匹配器的全部偏好排序,相反,它仅使用每个投票者的最优先选择的信息。这种方法有利于整合少量的专用的匹配器。在这种方法中,根据在顶部位置的位置号对身份进行排序,可以得到共识排序。

算法 8.3:多数投票法

步骤 1:从不同的生物特征分类器得到 3 个排序列表。

步骤 2:对所有的排序列表,进行如下步骤。

步骤 2a:找出出现在 3 个排序列表最顶部的身份。

步骤 2b:如果找到任何替代,那么从共识排序列表的顶部开始,把该身份定位到可用的位置。

步骤 2c:如果没有找到替代,那么寻找具有最高序号位置的身份,然后从共识排序列表的顶部开始,把该身份放在可用的位置。

步骤 2d:跳转到步骤 2,从下一个位置开始循环。

这种方法的优点是能够克服任何一个分类器的不需要的行为。假设一个弱分类器选择一个身份作为排序最靠前的身份,但是该身份不一定会位于共识排序列表的顶部位置。如果其他的分类器决定不把该身份选作排序最靠前的身份,那么该身份就不会出现在由多数投票排序融合法得到的共识排序列表的顶部位置。这种方法存在的问题是所有的初始排序列表只考虑顶部位置,这样经常会使多生物特征识别系统产生不可靠的决策。

④最高序号融合法。该法有利于整合少量的专用的匹配器,因此可以有效地用于个别匹配器表现良好的多模态生物特征识别系统。在这种方法中,根据身份的最高序号对身份进行排序,可以得到共识排序。

算法 8.4:最高序号法

步骤 1:从不同的生物特征分类器得到 3 个排序列表。

步骤 2:对所有的排序列表,进行如下步骤。

步骤 2a:对 3 个排序列表中所有的身份,进行如下步骤。

步骤 2a(i)：利用下面计算共识排序的等式，求出每一个身份的共识排序，即

$$R_c = \min_{i=1}^{n} R_i$$

式中：n 为排序列表的数量。

步骤 3：按升序对 R_c 进行排序，用相应的身份进行替换。

这种方法的优点是能够利用每一个匹配器的优势。即使只有一个匹配器给正确的用户分配最高序号，重新排序后，正确的用户仍然极有可能获得最高序号。缺点是最终的排序可能会有很多平局。

⑤图像质量排序融合法。该法不仅依靠单模态分类器的排序列表，而且依赖输入图像的质量。通常，对其他的生物特征排序融合法进行修改，把输入图像的质量纳入排序因素，就可以得到这种方法。2009 年，Abaza、Ross 等人对现有的波达计数法进行了修改，把输入图像的质量纳入等式，从而提出了一种图像质量排序融合法。图 8.17 显示了图像质量排序融合法的示例框图。

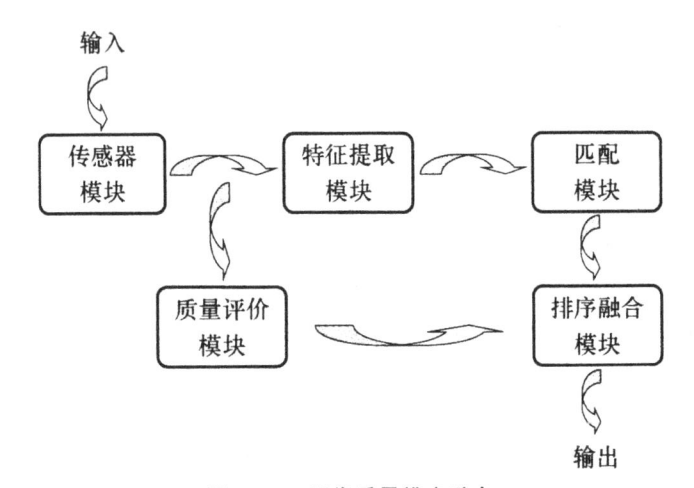

图 8.17　图像质量排序融合

算法 8.5：图像质量融合法

步骤 1：从不同的生物特征分类器得到 3 个排序列表。

步骤 2：对全部身份，按照不同的质量，分配不同的参数。

步骤 3：对所有的排序列表，进行如下步骤。

步骤 3a：对 3 个排序列表中所有的身份，进行如下步骤。

步骤 3a(i)：利用下面计算波达总分数的等式，求出每一个身份的波达总分数，即

$$B_c = \sum_{i=1}^{n} Q_i B_i$$

式中：n 为排序列表的数量；B_i 为第 i 个排序列表中的波达分数；为特定身份定义 $Q_i = \min(Q_i)$，Q_i 表示采集的指纹压痕图像与指纹压痕图像库的质量。权重因子 Q_i 可以减少低质量生物特征样本的影响。

步骤4：按升序对 B_c 进行排序，用相应的身份进行替换。

这种方法的优点是通常没有任何训练阶段，也没有特定的规则或通用方程，因此能够用于其他生物特征信息融合过程，用于提高辨识率或验证率。

（3）决策级融合。决策级融合方法可以整合多个单一生物特征匹配器的最终决策，形成一个最终的综合决策。当每一个匹配器输出它自己的类别标签（即验证系统中的接受或拒绝，或者辨识系统中的用户身份）时，使用一些技术可以获得单一的类别标签。这种融合方法比其他融合方法简单，对那些只需得到最终决策的商品化的生物特征识别系统比较适用。

8.3.2.3 模糊融合

模糊融合是一种基于模糊逻辑的融合方法，它是生物特征识别技术实验室建立的一种新的融合方法。这里，假设模糊融合方法能够用于匹配前或匹配后阶段。当用于匹配前阶段时，通常可以减少用于比较或匹配的数据集的大小；当用于匹配后阶段时，可以提高识别性能，得到最终结果的可信度。

前面已经提到这种方法以模糊逻辑为基础。模糊逻辑是计算智能领域中应用最广泛的经典技术。模糊逻辑方法能够以类似于人类思维的方式处理不精确的信息，例如大与小、高与低。可以通过模糊集合的部分隶属关系，在归一化范围{0,1}内定义中间值。有人曾将模糊逻辑在模式识别中的重要性归纳为如下几点：表示需要处理的语言输入特征；根据隶属度值提供缺失信息的估计值；表示模糊模式，生成语言形式的推理。

模糊融合的应用是多种多样的。这类方法已经在自动目标识别、医学图像融合与分割、涡轮机发电厂融合、天气预报、航拍图像检索与分类、车辆检测与车型识别，以及路径规划等各种各样的领域得以成功应用。使用基于模糊逻辑的融合方法，能够获得最终识别结果的可信度，对于一些苛求安全性的生物特征识别应用来说是非常重要的。

第9章 智能机器人

机器人是集机械、电子、控制、计算机、传感器、人工智能等多学科及前沿技术于一体的高端装备,是制造技术的制高点。目前,在工业机器人方面,其机械结构更加趋于标准化、模块化,功能越来越强大,已经从汽车制造、电子制造和食品包装等传统应用领域转向新兴应用领域,如新能源电池、高端装备和环保设备,在工业领域得到了越来越广泛的应用。与此同时,机器人正在从传统的工业领域逐渐走向更为广泛的应用场景,如以家用服务、医疗服务和专业服务为代表的服务机器人以及用于应急救援、极限作业和军事的特种机器人。面向非结构化环境的服务机器人正呈现出欣欣向荣的发展态势。总体来说,机器人系统正向智能化系统的方向不断发展。

9.1 概述

人工智能与机器人不同。前者解决学习、感知、语言理解或逻辑推理等任务,若想在物理世界完成这些工作,人工智能必然需要一个载体,机器人便是这样的一个载体。机器人是可编程机器,通常能够自主或半自主地执行一系列动作。机器人与人工智能相结合,由人工智能程序控制的机器人称为智能机器人。可以用图9.1展示三者的关系。

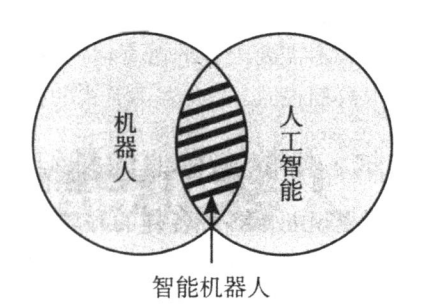

图 9.1 机器人、人工智能及智能机器人关系图

让机器人成为人类的助手和伙伴,与人类或者其他机器人协作完成任务,是新型智能化机器人的重要发展方向。为了使机器人更加全面精准地

理解环境，需要为机器人配置视觉、声觉、力觉、触觉等多传感器，通过多传感器的融合技术与所处环境进行交互，使机器人在动态和不确定的环境下完成复杂和精细的操作任务。一方面，借助脑科学和类人认知计算方法，通过云计算和大数据处理技术，可以增强机器人感知环境、理解和认知决策能力；另一方面，需要研制新型传感器和执行器，机器人通过作业环境、人与其他机器人的自然交互、自主适应动态环境，提高机器人的作业能力。此外，当今兴起的虚拟现实技术和增强现实技术也已经应用在机器人中，与各种穿戴式传感技术结合起来，采集大量数据，采用人工智能方法来处理这些数据，可以让机器人具有自主学习人的操作技能、进行概念抽象、实现自主诊断等功能。此外，汽车智能化是汽车发展的必然方向，无人车技术正是使得汽车不断机器人化。科幻世界正在一步步变为现实。

9.2 机器人感知

随着机器人技术的不断发展，其任务的复杂性与日俱增。传感器技术为机器人提供了感觉，提升了机器人的智能，并为机器人的高精度智能化作业提供基础。传感器是指能够感受被测量并按照一定规律变换成可用输出信号的器件或装置，是机器人获取信息的主要源头，类似人的"五官"。从仿生学观点来看，如果把计算机看成处理和识别信息的"大脑"，把通信系统看成传递信息的"神经系统"，那么传感器就是"感觉器官"。

传感技术是从环境中获取信息并对之进行处理、变换和识别的多学科交叉的现代科学与工程技术，涉及传感器的规划设计、开发、制/建造、测试、应用及评价以及相关的信息处理和识别技术等。传感器的功能与品质决定了传感系统获取环境信息的信息量和信息质量，是高品质传感技术系统构造的关键。信息处理包括信号的预处理、后置处理、特征提取与选择等。识别的主要任务是对经过处理的信息进行辨识与分类，可利用被识别对象与特征信息间的关联关系模型对输入的特征信息集进行辨识、比较、分类和判断。

9.2.1 视觉在机器人中的应用

人类获取信息的90%以上来自于视觉，因此，为机器人配备视觉系统是非常自然的想法。机器人视觉可以通过视觉传感器获取环境图像，并通过视觉处理器进行分析和解释，进而转换为符号，让机器人能够辨识物体并确定其位置。其目的是使机器人拥有一双类似于人类的眼睛，从而获得丰富的环境信息，以此来辅助机器人完成作业。

在机器人视觉中，客观世界中的三维物体经由摄像机转变为二维的平面图像，再经图像处理输出该物体的图像。通常机器人判断物体位置和形状需要两类信息，即距离信息和明暗信息。毋庸置疑，相对于物体视觉信息来说，还有色彩信息，但它对物体的位置和形状识别不如前两类信息重要。机器人视觉系统对光线的依赖性很大，往往需要好的照明条件，以便使物体所形成的图像最为清晰，检测信息增强，解决阴影、低反差、镜反射等问题。

机器人视觉的应用包括为机器人的动作控制提供视觉反馈、移动式机器人的视觉导航以及代替或帮助人工进行质量控制、安全检查所需要的视觉检验。

9.2.2　触觉在机器人中的应用

人类皮肤触觉感受器接触机械刺激产生的感觉，称为触觉。皮肤表面散布着触点，触点的大小不尽相同且分布不规则，一般情况下指腹最多，其次是头部，背部和小腿最少，所以指腹的触觉最灵敏，而小腿和背部的触觉则比较迟钝。若用纤细的毛轻触皮肤表面，只有当某些特殊的点被触及时，人才能感受到触觉。触觉是人与外界环境直接接触时的重要感觉功能。

触觉传感器是机器人中用于模仿触觉功能的传感器。机器人中的触觉传感器主要包括接触触觉、压力触觉、滑觉、接近触觉和温度触觉等，触觉传感器对于灵巧手的精细操作意义重大。在过去的三十年间，人们一直尝试用触觉感应器取代人体器官。然而，触觉感应器发送的信息非常复杂、高维，而且在机械手中加入感应器并不会直接提高它们的抓物能力。我们需要的是能够把未处理的低级数据转变成高级信息从而提高抓物和控物能力的方法。

近年来，随着现代传感、控制和人工智能技术的发展，科研人员对包括灵巧手触觉传感器以及使用所采集的触觉信息结合不同机器学习算法实现对抓取物体的检测与识别以及灵巧手抓取稳定性的分析等开展了研究。目前，主要通过机器学习中的聚类、分类等监督或无监督学习算法来完成触觉建模。

9.2.3　听觉在机器人中的应用

人的耳朵同眼睛一样是重要的感觉器官，声波叩击耳膜，刺激听觉神经的冲动,之后传给大脑的听觉区形成人的听觉。

听觉传感器用来接收声波,显示声音的振动图像,但不能对噪声的强度进行测量,是一种可以检测、测量并显示声音波形的传感器,被广泛用于日常生活、军事、医疗、工业、领海、航天等领域,并且成为机器人发展所不能缺少的部分。在某些环境中,要求机器人能够测知声音的音调和响度、区分左右声源及判断声源的大致方位,甚至是要求与机器进行语音交流,使其具备"人-机"对话功能,自然语言与语音处理技术在其中起到重要作用。听觉传感器的存在,使机器人能更好地完成交互任务。

9.2.4 机器学习在机器人多模态信息融合中的应用

随着传感器技术的迅速发展,各种不同模态(如视、听、触)的动态数据正在以前所未有的发展速度涌现。对于一个待描述的目标或场景,通过不同的方法或视角收集到的、耦合的数据样本是一个多模态数据。通常把收集这些数据的每一种方法或视角称为一个模态。狭义的多模态信息通常关注感知特性不同的模态,而广义的多模态融合则通常需要研究不同模态的联合内在结构、不同模态之间的相容与互斥和人-机融合的意图理解,以及多个同类型传感器的数据融合等。因此,多模态感知与学习这一问题与信号处理领域的"多源融合……""多传感器融合"以及机器学习领域的"多视学习"或"多视融合"等有密切联系。机器人多模态信息感知与融合在智能机器人的应用中起着重要作用。

机器人系统上配置的传感器复杂多样,从摄像机到激光雷达,从听觉到触觉,从味觉到嗅觉,几乎所有传感器在机器人上都有应用。但限于任务的复杂性、成本和使用效率等因素,目前市场上的机器人采用最多的仍然是视觉和语音传感器,这两类模态一般独立处理(如视觉用于目标检测、听觉用于语音交互)。但对于操作任务,由于大多数机器人尚缺乏操作能力和物理人-机交互能力,触觉传感器基本没有应用。

对于机器人系统而言,所采集到的多模态数据各自具有一些明显的特点,这些问题如下。

"污染"的多模态数据:机器人的操作环境非常复杂,采集的数据通常具有很多噪声和野点。

"动态"的多模态数据:机器人总是在动态环境下工作,采集到的多模态数据必然具有复杂的动态特性。

"失配"的多模态数据:机器人携带的传感器工作频带、使用周期具有很大差异。此外,这些传感器的观测视角、尺度也不同,从而导致各模态之间的数据难以"配对"。

这些问题对机器人多模态信息的融合感知带来了巨大挑战。为了实现多种模态信息的有机融合,需要为其建立统一的特征表示和关联匹配关系。

举例来说,当前对于操作任务,很多机器人配备了视觉传感器。而在实际操作应用中,常规的视觉感知技术受到很多限制(如光照、遮挡等),物体的很多内在属性(如"软""硬"等)难以通过视觉传感器感知获取。对机器人而言,触觉也是其获取环境信息的一种重要感知方式。与视觉不同,触觉传感器可直接测量对象和环境的多种性质特征。同时,触觉也是人类感知外部环境的一种基本模态。早在20世纪80年代,就有神经科学领域的学者在实验中麻醉志愿者的皮肤,验证了触觉感知在稳定抓取操作过程中的重要性。因此,为机器人增加触觉感知,不仅在一定程度上模拟了人类的感知与认知机制,而且符合实际操作应用的需求。

视觉信息与触觉信息采集的可能是物体不同部位的信息,前者是非接触式信息,后者是接触式信息,因此它们反映的物体特性具有明显差异,使视觉信息与触觉信息具有非常复杂的内在关联关系。现阶段很难通过人工机理分析的方法得到完整的关联信息表示,因此数据驱动的方法是目前比较有效的一种解决这类问题的途径。

如果说视觉目标识别是在确定物体的名词属性(如"石头""木头"),那么触觉模态则特别适用于确定物体的形容词属性(如"坚硬""柔软")。"触觉形容词"已经成为触觉情感计算模型的有力工具。值得注意的是,对于特定目标而言,通常具有多个不同的触觉形容词属性,而不同的"触觉形容词"之间往往具有一定的关联关系,如"硬"和"软"一般不能同时出现,但"硬"和"坚实"却具有很强的关联性。

视觉与触觉模态信息具有显著的差异性。一方面,它们的获取难度不同。通常视觉模态较容易获取,而触觉模态更加困难,这往往造成两种模态的数据量相差较大。另一方面,由于"所见非所摸",在信息采集过程中采集到的视觉信息和触觉信息往往不是同一部位的,具有很弱的"配对特性"。因此,视觉与触觉信息的融合感知具有极大的挑战性。

机器人是一个复杂的工程系统,开展机器人多模态融合感知需要综合考虑任务特性、环境特性和传感器特性。但目前机器人触觉感知方面的进展远远落后于视觉感知与听觉感知的进展。融合视觉模态、触觉模态与听觉模态的研究工作尽管在20世纪80年代就已开始,但进展一直缓慢。未来需要在视、听、触融合的认知机理、计算模型、数据集和应用系统上开展突破,综合解决信息表示、融合感知与学习的计算问题。

9.3 机器人规划

9.3.1 任务规划

一个机器人规划的步骤是由机器人的原子动作组成的。对于规划这个目标来说,我们不必关心硬件或微观层次的细节。相反,规划从动作效果的角度出发在较高层次上确定定义动作,如动作对周围世界的效果。举例来说,积木世界机器人的规划可能包括这些动作:"拾起物体 a"或"走到位置 x"。实际使机器人执行计划的微观控制步骤是建立在这些高层动作中的。

STRIPS 是由现在的斯坦福研究所 Fikes 等开发的,整个 STRIPS 系统的组成如下:

(1) 世界模型。为一阶谓词演算公式。

(2) 操作符(F 规则)。包括先决条件、删除表和添加表。

(3) 操作方法。应用状态空间表示和中间一结局分析。

这里用三元组来表示 pickup、putdown、stack 和 unstack 操作符。三元组的第一个元素是前提集合(P),也就是要应用一个操作符时必须满足的条件。三元组的第二个元素是增加列表(A),也就是应用操作符的结果导致的状态描述增加。最后一个元素是删除列表(D),也就是当应用操作符时要从状态描述中删除的项目。这些列表消除了对独立框架公理的需要。按照这种方式可以把 4 个操作符表示为

pickup(X)
P:gripping()^clear(X)^ontable(X)
A:gripping(X)
D:ontable(X)^gripping()

putdown(X)
P:gripping(X)
A:ontable(X)^gripping()^clear(X)
D:gripping(X)

stack(X,Y)
P:clear(Y)^gripping(X)
A:on(X,Y)^gripping()^clear(X)
D:clear(Y)^gripping(X)

unstack(X,Y)　　P:clear(X)^gripping()^on(X,Y)
　　　　　　　　A:gripping(X)^clear(Y)
　　　　　　　　D:gripping()^on(X,Y)

假定积木世界规划的目标是图9.2所示的状态,即on(b,a)^on(a,c)。注意到合取目标on(b,a)^on(a,c)中的第一个合取项(也就是on(b,a))在状态1中是成立的。但是为了实现第二个子目标on(a,c),必须先破坏这部分已经满足的目标。

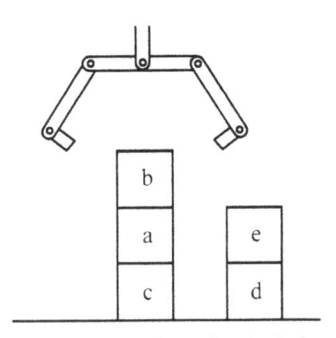

图9.2　积木世界的目标状态

三角表格表示是一种旨在缓解以上问题的数据结构,如图9.3所示。其目的是用来组织一个规划的动作序列,包括可能不兼容的子目标。三角表格通过表示动作序列的全局性相互作用来处理子目标冲突问题。它把一个动作的前件与其前面动作的后件——合并的增加和删除表联系起来。

在建立规划过程中,可以使用三角表格来判断何时可以使用一个宏操作符。通过保存并复用这些宏操作符,STRIPS大大提高了它的规划搜索效率。事实上,我们可以对宏操作符进行泛化,方法是用变量名来代替特定例子中的积木名。然后就可以调用这些泛化后的新宏来修剪搜索。

9.3.1.1　具有学习能力的规划系统

PULP-Ⅰ机器人规划系统是一种具有学习能力的系统,它采用管理式学习,其作用原理是建立在类比的基础上的。有种叫作三角表法的规则方法,实际上已具有一定程度的学习能力。

(1) PULP-Ⅰ系统的结构与操作方式。PULP-Ⅰ系统的结构总图如图9.4所示。图中的字典、模型和过程是系统的内存部分,它们集中了所有信息。"字典"是英语词汇的集合,它的每个词汇都保持在LISP的特性表上。"模型"部分包括模型世界内物体现有状态的事实。例如,信息

ROOM₄是由其位置、大小、邻室以及连接这些房间的门组成的。模型的信息不是固定不变的,可能随着环境而改变。此外,无论什么时候应用某个操作符,此模型被适时修正。"过程"集中了预先准备好的过程知识。这种过程知识是一个表式结构,包含一个指令序列。每个指令可能是一个任务语句,这些语句与该任务的过程、局部定义的物体或某个操作符有关。

	1	2	3	4	5	6	7
1	gripping() clear(X) on(X,Y)						
2		unstack(X,Y) gripping(X)					
3	ontable(Y)	clear(Y)	putdown(X) gripping()				
4	clear(Z)			pickup(Y) gripping(Y)			
5			clear(X) ontable(X)		stack(Y,Z) gripping()		
6					clear(Y)	pickup(X) gripping(X)	
7					on(Y,Z)		stack(X,Y) on(X,Y) clear(X) gripping()

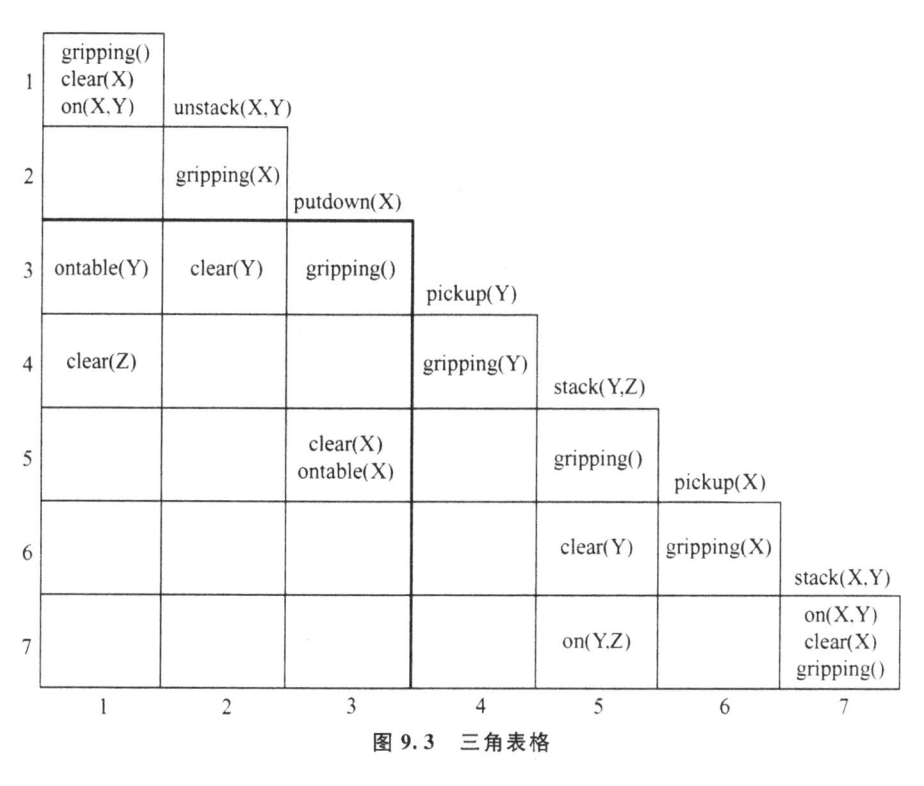

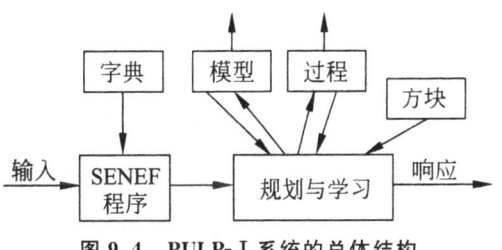

图9.3 三角表格

图9.4 PULP-Ⅰ系统的总体结构

"方块"集中了 LISP 程序,它配合"规划"对"模型"进行搜索和修正。方块内的一些程序是机器人的本原操作符,对应于一些动作程序;执行这些程序将引起模型世界内物体状态的改变。

由操作人员送到 PULP-Ⅰ 的输入目标语句是用一个英语命令句子直

接表示的。这个命令语句不能被立即处理来开发模拟情况,句子的意思必须通过内部表达式来提取和解码。可以把这一过程看作是对输入命令的理解过程。一个叫作 SENEF[SEmantic NEtwork,Formation 程序用语义网络来表示知识。实际上,整个 PULP-Ⅰ的内部数据(知识表示)结构就是语义网络]的程序被设计用来把命令句子变换为语义网络表达式。

PULP-Ⅰ系统具有两种操作方式,即学习方式(图9.5)和规划方式(图9.6)。

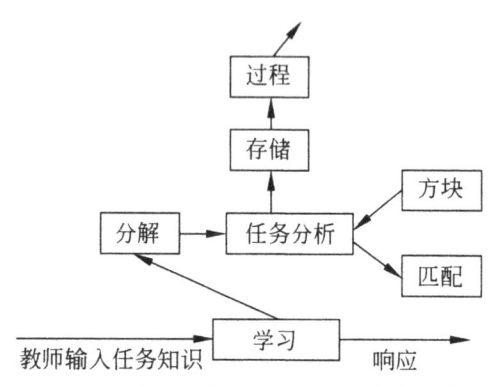

图 9.5　学习方式下 PULP-Ⅰ系统的结构

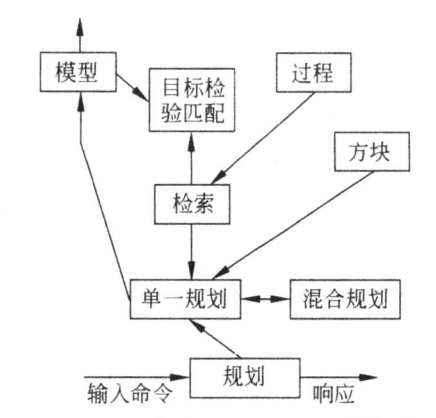

图 9.6　规划方式下 PULP-Ⅰ系统的结构

(2) PULP-Ⅰ的世界模型和规划结果。PULP-Ⅰ系统能够完成一系列规划任务。图9.7给出了具体任务下的初始世界模型。这个规划环境有 6 个通过门、道互相沟通的房间(除房间 4 和房间 6 外)。环境还包括 5 个箱子、2 把椅子、1 张桌子、1 个梯子、1 辆手推车、7 扇窗户和 1 个移动式机器人。可见它要比 STRIPS 系统复杂。

图9.8对 STRIPS,ABSTRIPS 和 PULP-Ⅰ这三个系统的规划速度(时间)进行了比较。与 STRIPS 及 ABSTRIPS 系统相比,PULP-Ⅰ系统的规

划时间几乎可以忽略不计。这就表明,具有学习能力的机器人规划系统能够极大地提高系统的规划速度。

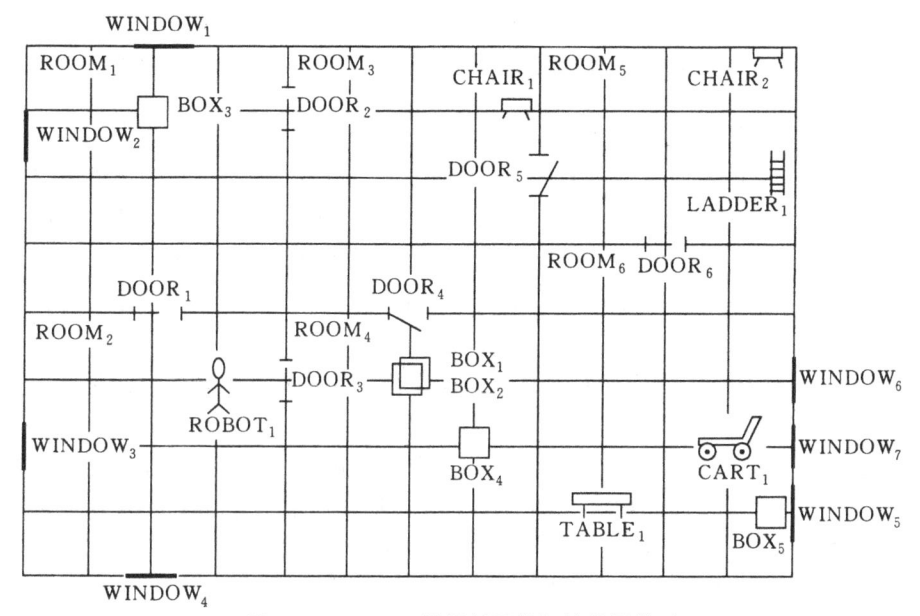

图 9.7 PULP-Ⅰ 模拟例子的初始世界模型

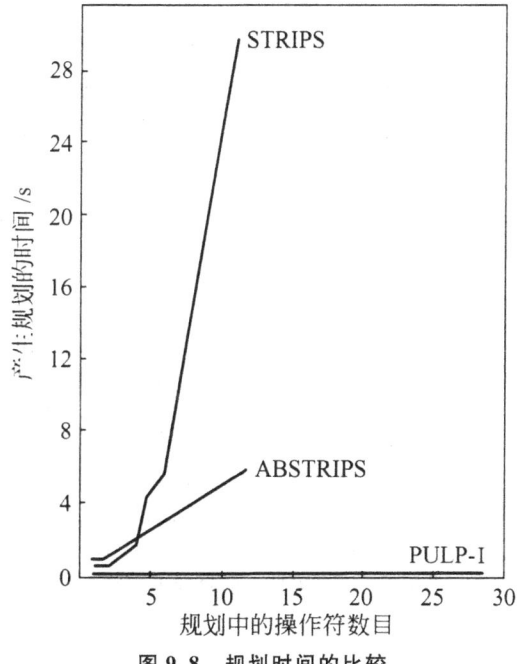

图 9.8 规划时间的比较

可以得出结论,具有学习能力的机器人问题求解与规划系统 PULP-Ⅰ 已经成功地显示出规划性能的改善。这个改善不仅表现在规划速度方面,而且表现在建立复杂的规划能力方面。

9.3.1.2 分层任务网络规划

分层分解是处理复杂问题常见的方法。层次结构的优点在于在每一层上,一个任务都能被分解为下一个较低层次的少量动作,所以对当前问题寻找正确的方法来安排这些动作比较有效。这种思想与偏序规划方法结合起来就是规划方法中的分层任务网络规划(hierarchical task network planning)。把整体任务分解成容易处理的子任务集合,并且通过子任务集合的求解而最终得到整体任务的解。

一个寻找非线性规划而不必考虑操作符序列的所有排列的方法是应用最少约束策略来选择操作符执行次序的问题。所需要的是某个能够发现那些需要的操作符的规划过程以及这些操作符之间任何需要的排序。在应用这种过程之后,才能应用第二种方法来寻求那些能够满足所有要求约束的操作符的某个排序。问题求解系统 NOAH(正好能够进行此项工作,它采用一种网络结构来记录它所选取的操作符之间所需要的排序。它也分层进行操作运算,即首先建立起规划的抽象轮廓,然后在后续的各步中,填入越来越多的细节。

图 9.10 说明 NOAH 系统如何求解如图 9.9 所示的积木世界问题。在图 9.10 中,方形框表示已被选入规划的操作符;两头为半圆形的框表示仍然需要满足的目标。本例中所用的操作符与至今我们使用过的操作符有点不同。如果提供了任何两个物体顶上均为空的条件,那么操作符 STACK 就能够把其中任意一个物体放置在另一个物体(包括桌子)上。STACK 操作还包括拾起要移动的物体。

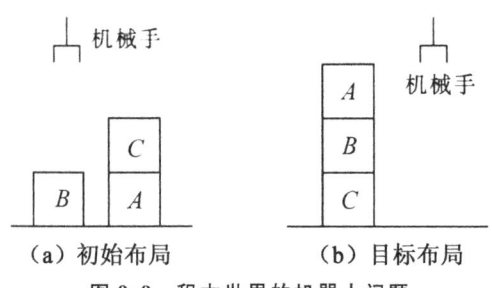

图 9.9 积木世界的机器人问题

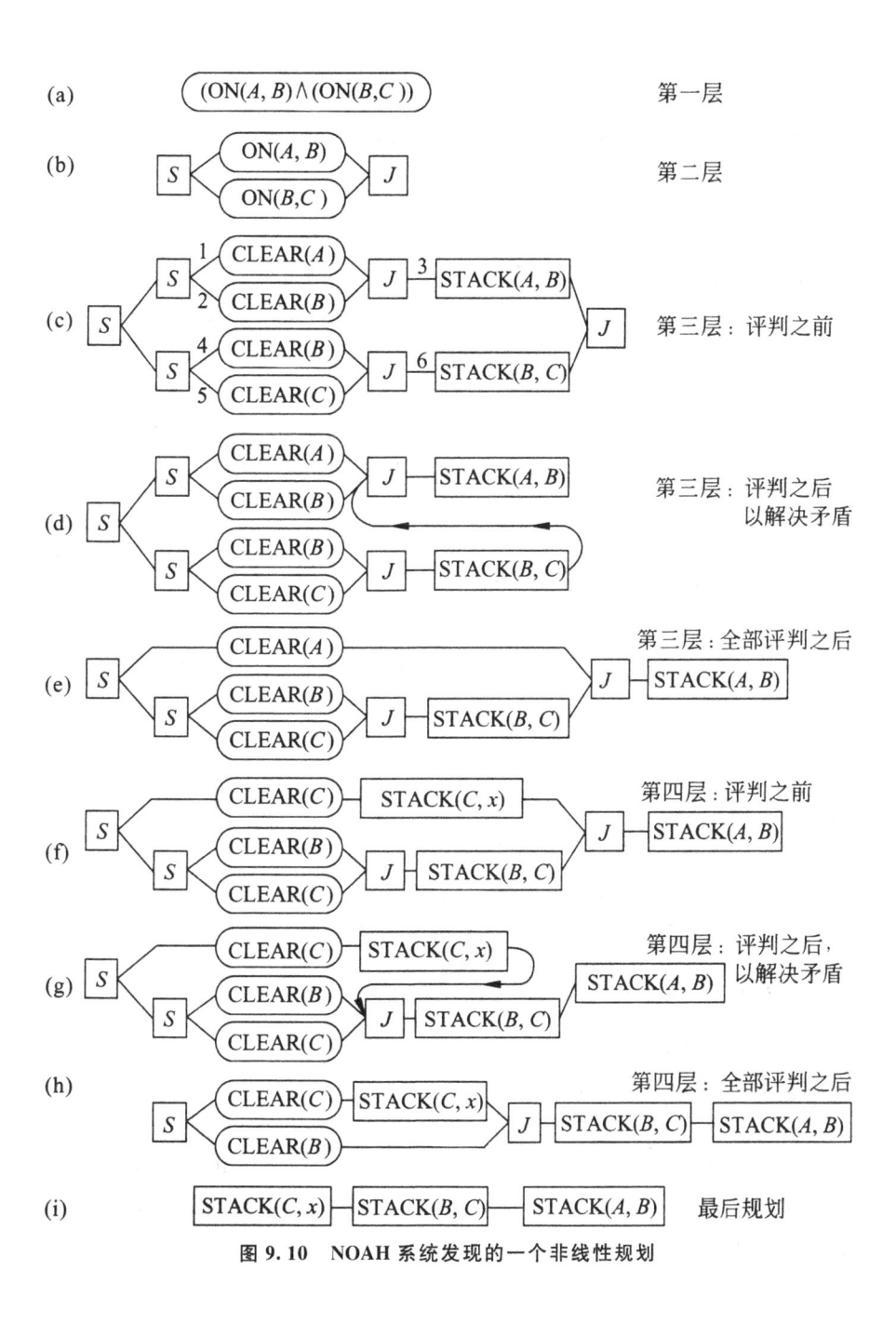

图 9.10 NOAH 系统发现的一个非线性规划

9.3.2 路径规划

9.3.2.1 基于模拟退火算法的机器人局部路径规划

模拟退火(simulated annealing,SA)算法是一种随机搜索算法,其原理是依据金属物质退火过程和优化问题之间的相似性。把机器人在未知环境下的随机漫游行为看作液体中粒子的布朗运动,则可以对其随机性的扰动应用 SA 方法来引导其向势能减小的方向上运动,从而实现未知环境下的在线动态规划。

图 9.11 为基于 SA 扰动控制的局部规划程序流程图。

子程序的说明如下:

(1) 初始化参数(InitialPara):预置机器人初始状态 $\{x_r,y_r,\theta\}$;目标位置 $\{x_g,y_g\}$;令起始位置为初始的势能最小值位置 $\{x_{\min},y_{\min}\}=\{x_r,y_r\}$,计算初始化势能最小值 $E_{\min}$;初始扰动 $\delta=0$,步序计数 $n=0$;退火初始温度 $T_0=100$,常数项:$b=0.1,c=0.9$。

(2) 搜索局部目标方向(LocalSearch):移动机器人局部规划的滚动窗口是以一个机器人身长为半径的半圆,按照 SA 设计规则搜索局部目标方向面。

(3) 更新状态参数(UpdateState):机器人向局部目标方向 $\hat{\varphi}$ 移动一个步长后,计算势能 E_n,更新势能最小值 $E_{\min}$ 以及最小值的位置 $\{x_{\min},y_{\min}\}$,更新传感器信息。

(4) 计算扰动量(GetNoise)与判断扰动更新(UpdateNoise):根据 SA 设计规则的步骤,在目标方位约束、局部势能陷阱约束以及传感器信息约束下,计算扰动量 δ,并判断是否更新扰动量。

9.3.2.2 基于蚁群算法的机器人路径规划

机器人的路径规划问题非常类似于蚂蚁的觅食行为,机器人的路径规划问题可以看成从蚂蚁巢穴出发绕过一些障碍物寻找食物的过程,只要在巢穴有足够多的蚂蚁,这些蚂蚁一定能避开障碍物找到一条从巢穴到达食物的最短路径。规划出的完整机器人行走路径由三部分组成:机器人的起始位置到蚂蚁初始位置的路径、蚂蚁初始位置到蚂蚁进入气味区位置的路径和蚂蚁进入气味区位置到终点位置的路径。

第 9 章 智能机器人

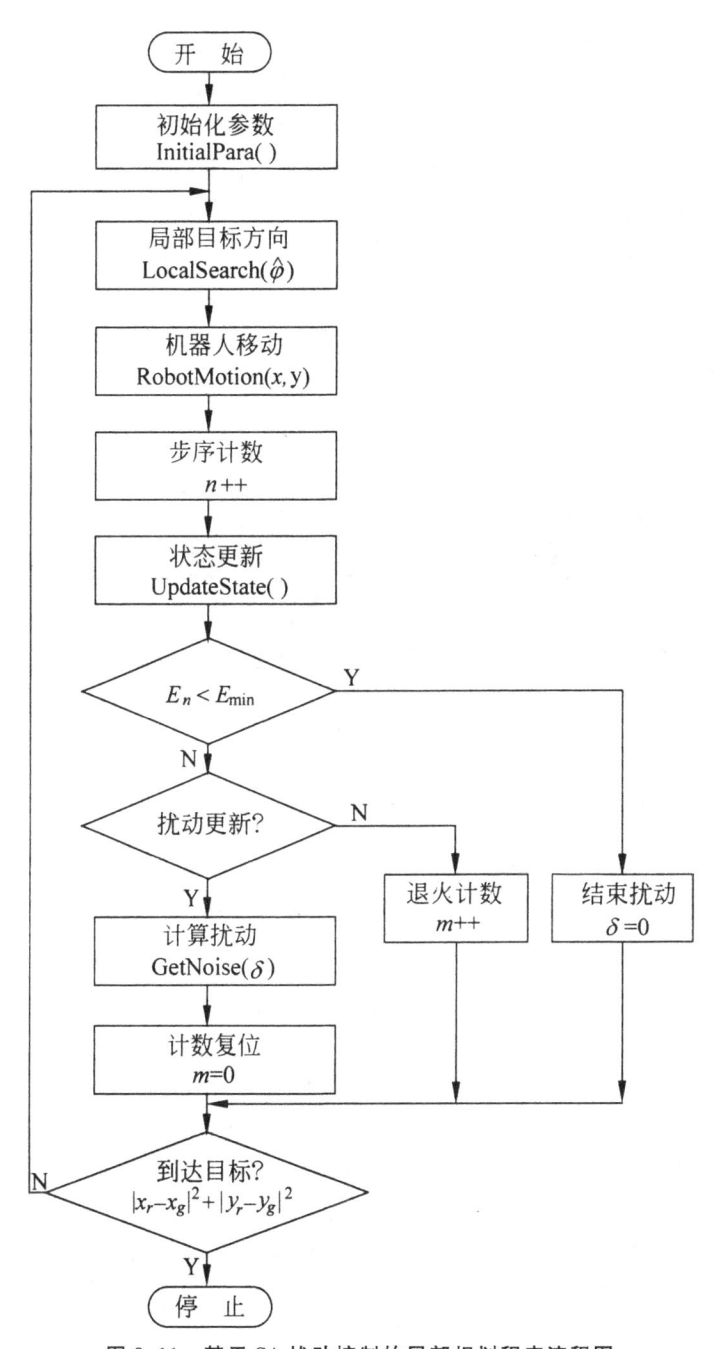

图 9.11 基于 SA 扰动控制的局部规划程序流程图

（1）环境建模。设机器人在二维平面上的有限运动区域（环境地图）上行走，其内部分布着有限多个凸型静态障碍物。为简单起见，将机器人模型化为点状机器人,同时行走区域中的静态障碍物根据机器人的实际尺寸及其安全性要求进行了相应"膨化"处理,并使得"膨化"后的障碍物边界为安全区域,且各障碍物之间及障碍物与区域边界不相交。

(2)邻近区的建立。一般来说,蚂蚁在巢穴附近活动,在巢穴附近没有任何障碍物,蚂蚁可以在这片区域自由行走。这样在这巢穴建立一个邻近区,蚂蚁随机放入这区域后,自由地穿过障碍区向着食物方向觅食。邻近区可以是一个扇区或三角区,如图9.12(a)所示的阴影区。邻近区的建立方法是:找到从起点朝终点方向到障碍物的最近垂直距离 d,如图9.12(b)所示,以此距离为半径或三角形的高度建立扇区或三角区。

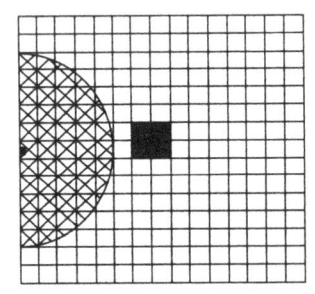

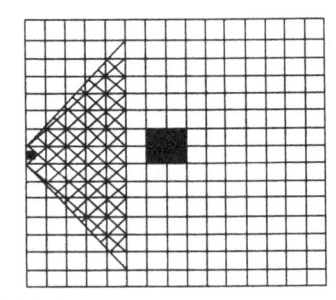

(a)邻近区

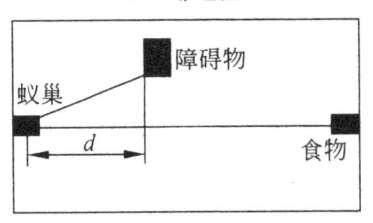

(b)建立方法

图9.12 邻近区

(3)气味区的建立。任何一种食物都有气味,这种气味吸引蚂蚁朝其爬行,因此建立一个如图9.13所示的食物气味区。只要蚂蚁进入气味区,蚂蚁就会闻到气味,朝着食物地点爬行。在非气味区,由于障碍物阻隔,蚂蚁闻不到气味,只能按后面介绍的方法(6)选择可行路径。当蚂蚁进入气味区时,它就会朝着食物方向前进最终找到食物。气味区建立方法是:从食物朝着起始位置方向直线扫描,没有遇到障碍物之前的区域为气味区。

(4)路径的构成。路径由三部分构成:机器人的起始位置到蚂蚁初始位置的路径、蚂蚁初始位置到蚂蚁进入气味区位置的路径和蚂蚁进入气味区位置到终点位置的路径,如图9.14所示,分别设为path0,path1和

path2,所以总的路径长度 $L_{path} = L_{path0} + L_{path1} + L_{path2}$。

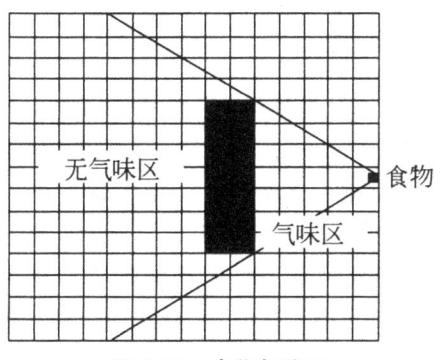

图 9.13　食物气味区

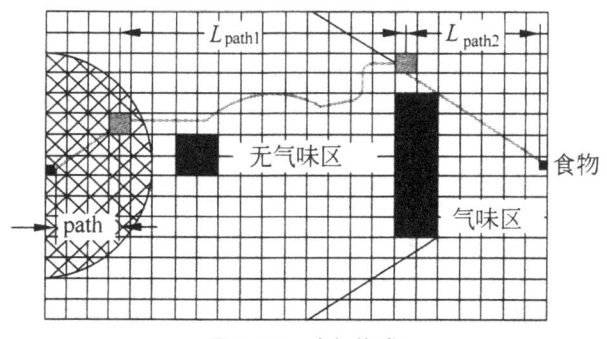

图 9.14　路径构成

(5) 路径的调整。蚂蚁走过的路径是弯弯曲曲的,必须调整为光滑路径。调整方法如图 9.15 所示:从开始点 S 出发不断寻找直到找到点 Q,使得 Q 的下一个点与 S 的连线穿过了障碍物,而 Q 以前的点(包括 Q 点)与 S 的连线没有穿越障碍物,连接 Q 与 S,这时 $\overline{SQ}$ 上离障碍物最近的一点为 D,则 SD 就是要找的路径。下一步设 D 为 S,再在 S 与 G 之间寻找 D,直到 S 点与 G 重合。所得到的连线即为调整后的路径。显然 $\overline{SD}$ 为 S 到 D 的最短距离,而 $\overline{DG} < \overline{DQ} + \overline{QG}$,所以线段 $\overline{SDG}$ 是沿着曲线 $\overline{SG}$ 绕过障碍物的最短路径。设总的栅格数为 N,从起点到终点的直线距离的栅格数为 M,则其最坏时间复杂度为 $O(N^2)$,最好时间复杂度为 $O(M^2)$。

(6) 路径方向的选择。蚂蚁沿食物方向可选择三个行走栅格,如图 9.16 所示,分别编号 0,1,2。每只蚂蚁根据三个方向的概率选择一个行走方向,移至下一个栅格。

在时刻 t,蚂蚁是从栅格 i 沿 $j(j \in \{0,1,2\})$ 方向转移到下一栅格的

概率 $p_{ij}^k(t)$ 为

$$p_{ij}^k(t) = \begin{cases} \dfrac{[\tau_{ij}(t)]^\alpha \cdot [\eta_{ij}(t)]^\beta}{\sum\limits_{S \in J_k(i)}[\tau_{ij}(t)]^\alpha \cdot [\eta_{ij}(t)]^\beta}, & j \in J_k(i) \\ 0, & \text{其他情况} \end{cases}$$

式中：$J_k(i) = \{0,1,2\} - \text{tabu}_k$ 表示蚂蚁 k 下一步允许选择的栅格集合；列表 tabu_k 记录了蚂蚁 k 刚刚走过栅格；α 和 β 分别表示信息素和启发式因子的相对重要程度；式中的 η_{ij} 是一个启发式因子，表示蚂蚁从栅格 i 沿 $j(j \in \{0,1,2\})$ 方向转移到下一个栅格的期望程度。在蚂蚁系统（AS）中，通常取城市 i 与城市 j 之间距离的倒数。由于栅格之间的距离相等，不妨取 1，于是上式变成

$$p_{ij}^k(t) = \begin{cases} \dfrac{[\tau_{ij}(t)]^\alpha}{\sum\limits_{S \in J_k(i)}[\tau_{ij}(t)]^\alpha}, & j \in J_k(i) \\ 0, & \text{其他情况} \end{cases}$$

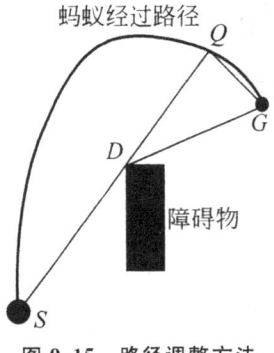

图 9.15　路径调整方法

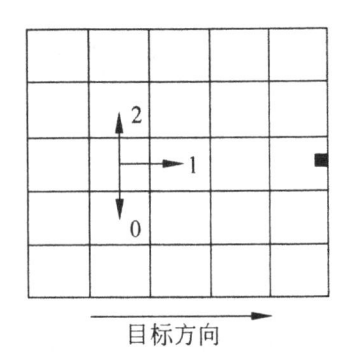

图 9.16　路径方向选择

蚂蚁选择方向的方法：如果每一个可选择的方向的转移概率相等，则随机选择一个方向，否则根据上式选择概率最大的方向，作为蚂蚁下一步的行走方向。

（7）信息素的更新。一只蚂蚁在栅格上沿三个方向中的一个方向到下一个栅格，故在每个栅格设三个信息素，每个信息素根据下式更新。

$$\tau_{ij}(t+n) = \rho\tau_{ij}(t) + \Delta\tau_{ij}$$

$$\Delta\tau_{ij} = \sum_{k=1}^m \Delta\tau_{ij}^k$$

式中：$\Delta\tau_{ij}$ 表示本次迭代栅格 i 沿 $j(j \in \{0,1,2\})$ 方向信息素的增量；$\Delta\tau_{ij}^k$ 表示第 k 只蚂蚁在本次迭代中栅格 i 沿 $j(j \in \{0,1,2\})$ 方向的信息素

量;用 ρ 表示在某条路径上信息素轨迹挥发后的剩余度,ρ 可取 0.9。如果蚂蚁 k 没有经过栅格 i 沿 j 方向到达下一个栅格,则 $\Delta\tau_{ij}^{k}$ 的值为 0,$\Delta\tau_{ij}^{k}$ 表示为

$$\Delta\tau_{ij}^{k} = \begin{cases} \dfrac{Q}{L_k}, & \text{蚂蚁 } k \text{ 经 } i \text{ 栅格沿 } j \text{ 方向} \\ 0, & \text{其他情况} \end{cases}$$

式中:Q 为正常数;L_k 表示第 k 只蚂蚁在本次周游中所走过路径调整以后的长度。

(8) 算法描述。基于蚁群算法的路径规划(PPACO)步骤如下:
步骤 1:环境建模。
步骤 2:建立巢穴邻近区和食物产生的气味区。
步骤 3:在邻近区放置足够多的蚂蚁。
步骤 4:每只蚂蚁根据(6)点的方法选择下一个行走的栅格。
步骤 5:如果有蚂蚁产生了无效路径,则将该蚂蚁删除,否则直到该蚂蚁到达气味区,并沿气味方向找到食物为止。
步骤 6:调整蚂蚁走过的有效路径并保存调整后路径中的最优路径。
步骤 7:按(7)点更改有效路径的信息素。

重复步骤 3~步骤 7,直到达到某个迭代次数或运行时间超过最大限度为止,结束整个算法。

9.4 机器人控制

9.4.1 神经网络在智能运动控制中的应用

在机器人运动控制方法中,比例—积分—微分控制(PID)、计算力矩控制(CTM)、鲁棒控制(RCM)、自适应控制(ACM)等是几种比较典型的控制方法。然而,这几种设计方法都存在一些不足:PID 控制实现虽然简单,但设计系统的动态性能不好;而 CTM、RCM 和 ACM 三种设计方法虽然能给出很好的动态性能,但都需要机器人数学模型方面的知识。CTM 方法要求机械手的数学模型精确已知,RCM 要求已知系统不确定性的界,而 ACM 则要求知道机械手的动力学结构形式。这些基于模型的机器人控制方法对缺少的传感器信息、未规划的事件和机器人作业环境中的不熟悉位置非常敏感。所以,传统的基于模型的机器人控制方法不能保证设计系统

在复杂环境下的稳定性、鲁棒性和整个系统的动态性能。此外,这些控制方法不能积累经验和学习人的操作技能。为此,近二十年来,以神经网络、模糊逻辑和进化计算为代表的人工智能理论与方法开始应用于机器人控制。目前,机器人的智能控制方法包括定性反馈控制、模糊控制以及基于模型学习的稳定自适应控制等方法,采用的神经模糊系统包括线性参数化网络、多层网络和动态网络。机器人的智能学习因采用逼近系统,降低了对系统结构的需求,在未知动力学与控制设计之间建立了桥梁。

神经网络控制是基于人工神经网络的控制方法,具有学习能力和非线性映射能力,能够解决机器人复杂的系统控制问题。机器人控制系统中应用的神经网络有直接控制、神经网络自校正控制、神经网络并联控制等几种结构。

(1)神经网络直接控制。利用神经网络的学习能力,通过离线训练得到机器人的动力学抽象方程。当存在偏差时,网络就产生一个大小正好满足实际机器人动力特性的输出,以实现对机器人的控制。

(2)神经网络自校正控制结构是以神经网络作为自校正控制系统的参数估计器,当系统模型参数发生变化时,神经网络对机器人动力学参数进行在线估计,再将估计参数送到控制器以实现对机器人的控制。由于该结构不必对系统模型简化为解耦的线性模型,且对系统参数的估计较为精确,因此控制性能明显提升。

(3)神经网络并联控制结构可分为前馈型和反馈型两种。前馈型神经网络学习机器人的逆动力特性,并给出控制驱动力矩与一个常规控制器前馈并行,实现对机器人的控制。当这一驱动力矩合适时,系统误差很小,常规控制器的控制作用较低;反之,常规控制器起主要控制作用。反馈型并联控制是在控制器实现控制的基础上,由神经网络根据要求的和实际的动态差异产生校正力矩,使机器人达到期望的动态。

9.4.2 机器学习在机器人灵巧操作中的应用

随着先进机械制造、人工智能等技术的日益成熟,机器人研究关注点也从传统的工业机器人逐渐转向应用更为广泛、智能化程度更高的服务型机器人。对于服务型机器人,机械手臂系统完成各种灵巧操作是机器人操作中最重要的基本任务之一,近年来一直受到国内外学术界和工业界的广泛关注。其研究重点包括让机器人能够在实际环境中自主智能地完成对目标物的抓取以及拿到物体后完成灵巧操作的任务。这需要机器人能够智能地对形状、姿态多样的目标物体提取抓取特征、决策灵巧手抓取姿态及规划多自由度机械臂的运动轨迹以完成操作任务。

利用多指机械手完成抓取规划的解决方法大致可以分为"分析法"与"经验法"两类思路。"分析法"需要建立手指与物体的接触模型,根据抓取稳定性判据以及各手指关节的逆运动学,优化求解手腕的抓取姿态。由于抓取点搜索的盲目性以及逆运动学求解优化的困难,最近二十年来,"经验法"在机器人操作规划中获得了广泛关注并取得了巨大进展。"经验法"也称数据驱动法,它通过支持向量机(SVM)等监督或无监督机器学习方法,对大量抓取目标物的形状参数和灵巧手抓取姿态参数进行学习训练,得到抓取规划模型并泛化到对新物体的操作。在实际操作中,机器人利用学习到的抓取特征,由抓取规划模型分类或回归得到物体上合适的抓取部位与抓取姿态;然后,机械手通过视觉伺服等技术被引导到抓取点位置,完成目标物的抓取操作。近年,深度学习在计算机视觉等方面取得了较大突破,深度卷积神经网络(CNN)被用于从图像中学习抓取特征且不依赖专家知识,可以最大限度地利用图像信息,使计算效率得到提高,满足了机器人抓取操作的实时性要求。

与此同时,由于传统的多自由度机械臂运动轨迹规划方法(如五次多项式法、RRT法等)较难满足服务机器人灵巧操作任务的多样性与复杂性要求,模仿学习与强化学习方法得到研究者的青睐。模仿学习是指机器人通过观察模仿来实现学习,它从示教者提供的范例中学习,一般提供人类专家的决策数据。每个决策包含状态和动作序列,将所有状态—动作对抽取出来构造新的集合之后,可以把状态作为特征、把动作作为标记进行分类(对于离散动作)或回归(对于连续动作)学习,从而得到最优策略模型。模型的训练目标是使模型生成的状态—动作轨迹分布和输入的轨迹分布相匹配。通常需要深度神经网络来训练基于模仿学习的运动轨迹规划模型,而强化学习方法通过引入回报机制来学习机械臂运动轨迹。总之,机器学习及深度神经网络方法的快速发展,使智能服务机器人应对复杂变化环境的操作能力大大提升。

9.5 智能机器人发展趋势

当今机器人发展的特点可概括为三方面:一是在横向上,机器人应用面越来越宽,由95%的工业应用扩展到更多领域的非工业应用,像做手术、采摘水果、剪枝、巷道掘进、侦查、排雷,还有空间机器人、潜海机器人。机器人应用无限制,只要能想到的,就可以去创造实现。二是在纵向上,机器人的种类越来越多,像进入人体的微型机器人已成为一个新方向。三是机器人智能化得到加强,机器人更加聪明。机器人的发展史犹如人类的文明和进化史在不断地向着更高级方向发展。从原则上说,意识化机器人已是机器人的高级形态,不过意识又可划分为简单意识和复杂意识。人类具有非常完美的复杂意识,而现代所谓的意识机器人最多是简单化意识,未来意识化智能机器人是很可能的发展趋势。

人类的运动技能经验可以从学习和生活中不断获取,并逐渐内化为自身掌握的技能。人类可以通过不断的学习来增强技能,并将所学技能存储于记忆中,在面向任务执行时,可以基于已掌握经验自主选择技能动作用以完成任务,比如人类打球时会选择运球动作和投篮动作来实现最终的得分进球。在机器人研究方面,越来越多的关注投向了机器人学习领域,如何将人类的学习方法与过程应用于机器人学习成为关注的焦点。

当前,我国已经进入机器人产业化加速发展阶段。无论在助老助残、医疗服务领域以及面向空间、深海、地下等危险作业环境,还是精密装配等高端制造领域,迫切需要提高机器人的工作环境感知和灵巧操作能力。随着云计算与物联网的发展,伴之而生的技术、理念和服务模式正在改变着我们的生活。作为全新的计算手段,也正在改变机器人的工作方式。机器人产业作为高新技术产业,应该充分利用云计算与物联网带来的变革,提高自身的智能与服务水平,从而增强我国在机器人行业领域的创新与发展。

云计算、物联网环境下的机器人在开展认知学习的过程中必然面临大数据的机遇与挑战。大数据通过对海量数据的存取和统计,智能化地分析和推理,并经过机器的深度学习后,可以有效推动机器人认知技术的发展;而云计算让机器人可以在云端随时处理海量数据。可见,云计算和大数据为智能机器人的发展提供了基础和动力。在云计算、物联网和大数据的大潮下,我们应该大力发展认知机器人技术。认知机器人是一种具有类似人类的高层认知能力,并能适应复杂环境、完成复杂任务的新一代机器人。基于认知的思想,一方面机器人能有效克服前述的多种缺点,智能水平进一步提高;另一方面使机器人也具有同人类一样的脑-手功能,将人类从琐碎和危险环境的劳作中解放出来,而这一直是人类追求的梦想。脑-手运动感知系统具有明确的功能映射关系,从神经、行为、计算等多种角度深刻理解大脑神经运动系统的认知功能,揭示脑与手动作行为的协同关系,理解人类脑-手运动控制的本质,是当前探索大脑奥秘且有望取得突破的一个重要窗口,这些突破将为理解脑-手感觉运动系统的信息感知、编码以及脑区协同实现脑-手灵巧控制提供支撑。目前,国内基于认知机理的仿生手实验验证平台还很少，大多数仿生手的研究并未充分借鉴脑科学的研究成果。实际上，人手能够在动态不确定环境下完成各种高度复杂的灵巧操作任务正是基于人的脑-手系统对视、触、力等多模态信息的感知、交互、融合以及在此基础上形成的学习与记忆。由此，将人类脑-手的协同认知机理应用于仿生手研究是新一代高智能机器人发展的必然趋势。

参考文献

[1]黄昕,赵伟,王本友,等.推荐系统与深度学习[M].北京:清华大学出版社,2018.

[2]李德毅,于剑.人工智能导论[M].北京:中国科学技术出版社,2018.

[3]朱福喜.人工智能[M].3版.北京:清华大学出版社,2017.

[4][俄罗斯]玛丽娜·L·加夫里洛娃,[孟加拉]玛若夫·莫.安全系统中的多模态生物特征识别与智能图像处理[M].郑毅,郑苹,译.北京:国防工业出版社,2016.

[5]钟义信.高等人工智能原理——观念·方法·模型·理论[M].北京:科学出版社,2014.

[6]罗素,著.人工智能:一种现代的方法[M].3版.殷建平,等,译.北京:清华大学出版社,2013.

[7]柴玉梅,张坤丽.人工智能[M].北京:机械工业出版社,2012.

[8]党建武.人工智能[M].北京:电子工业出版社,2012.

[9]王万森.人工智能原理及应用[M].北京:电子工业出版社,2012.

[10]曹少中,涂序彦.人工智能与人工生命[M].北京:电子工业出版社,2011.

[11]罗兵,李华嵩,李敬民.人工智能原理及应用[M].北京:机械工业出版社,2011.

[12]王万森.人工智能[M].北京:人民邮电出版社,2011.

[13]丁世飞.人工智能[M].北京:清华大学出版社,2011.

[14]刘凤歧.人工智能[M].北京:机械工业出版社,2011.

[15]史忠植.高级人工智能技术导论[M].3版.北京:科学出版社,2011.

[16]鲍军鹏,张选军,吕园园.人工智能导论[M].北京:机械工业出版社,2011.

[17]琼斯,著.人工智能[M].黄厚宽,等,译.北京:电子工业出版社,2010.

[18]曹承志,等.人工智能技术[M].北京:清华大学出版社,2010.

[19]蔡自兴,徐光裕.人工智能及其应用[M].4版.北京:清华大学出版社,2010.

[20]尹朝庆.人工智能与专家系统[M].2版.北京:水利水电出版社,2009.

[21]王万良.人工智能及其应用[M].2版.北京:高等教育出版社,2008.

[22]尚福华.人工智能[M].哈尔滨:哈尔滨工业大学出版社,2008.

[23]廉师友.人工智能技术导论[M].3版.西安:西安电子科技大学出版社,2007.

[24]石纯一,张伟.基于Agent的计算[M].北京:清华大学出版社,2007.

[25]贲可荣,张彦铎.人工智能[M].北京:清华大学出版社,2006.

[26]李长河.人工智能及其应用[M].北京:机械工业出版社,2006.

[27]王士同.人工智能教程[M].2版.北京:电子工业出版社,2006.

[28]马少平,朱小燕.人工智能[M].北京:清华大学出版社,2004.

[29]尼尔森,著.人工智能[M].郑扣根,等,译.北京:机械工业出版社,2003.

[30]徐蕾.模糊PID在CNC粉末液压机控制系统的应用研究[D].合肥:合肥工业大学,2013.

[31]张嵩.基于神经内分泌反馈机制的模糊PID串级主汽温控制系统研究[D].北京:华北电力大学,2012.

[32]张伟.基于专家系统的故障诊断在汽车发动机上的应用[D].太原:太原理工大学,2011.

[33]郑毅.移动机器人仿人智能控制的研究[D].沈阳:东北大学,2009.

[34]罗荣海.机器人自动导引、跟踪控制研究[D].南京:南京航空航天大学,2002.

[35]肖人彬,程贤福,廖小平.基于模糊信息公理的设计方案评价方法及应用[J].计算机集成制造系统,2007,13(12):1006-5911.

[36]王跃灵,沈书坤,王洪斌.不确定机器人的自适应神经网络迭代学习控制[J].武汉理工大学学报,2009,(24):1671-4431.

[37]王长涛,黄宽,李楠楠.基于人工智能的CPS系统架构研究[J].科技广场,2012,(7):1671-4792.

[38]王欣,龚宗洋.驾驶机器人控制系统设计与实现[J].信息技术,

2012,(1):1009-2552.

[39]周峰.大数据及人工智能赋能专业服务——SWAAP系统架构和应用介绍[J].中国注册会计师,2017,(12):1009-6345.

[40]王泰华,贾玉婷.不确定机器人自适应鲁棒迭代学习控制研究[J].软件导刊,2018,(3):1672-7800.

[41]熊辉.人工智能发展到哪个阶段了[J].人民论坛,2018,(2):1004-3381.